数字电子技术训练教程

吉海彦　主编
徐　云　参编

中国农业大学出版社
·北京·

内 容 简 介

本书是为电子电气类和计算机类本科学生进行数字电子技术训练而编写的，主要内容有常用数字集成电路的分类及主要参数、数字电子技术的基本实验、课程设计的课题，以及体现新技术及数字电子技术新发展的现场可编程门阵列（FPGA）与硬件描述语言（HDL）的应用，电子仿真软件 Multisim 和印制电路板制作软件 Altium Designer 及其在数字电子技术中的应用等。

图书在版编目（CIP）数据

数字电子技术训练教程/吉海彦主编 . —北京：中国农业大学出版社，2020. 11

ISBN 978-7-5655-2437-0

Ⅰ. ①数… Ⅱ. ①吉… Ⅲ. ①数字电路-电子技术-高等学校-教材

Ⅳ. ①TN79

中国版本图书馆 CIP 数据核字（2020）第 191490 号

书　　名	数字电子技术训练教程			
作　　者	吉海彦　主编			
策划编辑	张苏明		责任编辑	张苏明
封面设计	郑　川			
出版发行	中国农业大学出版社			
社　　址	北京市海淀区圆明园西路 2 号		邮政编码	100193
电　　话	发行部 010-62733489，1190		读者服务部 010-62732336	
	编辑部 010-62732617，2618		出　版　部 010-62733440	
网　　址	http://www.caupress.cn		E-mail　cbsszs@ cau. edu. cn	
经　　销	新华书店			
印　　刷	涿州市星河印刷有限公司			
版　　次	2020 年 11 月第 1 版　2020 年 11 月第 1 次印刷			
规　　格	787×980　16 开本　10 印张　185 千字			
定　　价	27.00 元			

前　言

本书是为电子电气类和计算机类本科学生进行数字电子技术训练而编写的，目的是指导学生进行数字电子技术的基本实验和课程设计，并使学生了解和掌握现场可编程门阵列（FPGA）与硬件描述语言（HDL），学习电子仿真软件在数字电子技术中的应用，以及熟悉印制电路板制作软件的使用。

本书将数字电子技术实验、课程设计、仿真软件 Multisim、印刷电路板制作软件 Altium Designer、FPGA 与硬件描述语言（HDL）等融为一体，既包含数字电子技术的经典典型实验，又有综合性的设计及仿真实习内容，还有体现最新发展趋势的 FPGA 与硬件描述语言等内容，旨在培养和锻炼学生在数字电子技术方面的综合实践能力。

本书共有 6 章，第一章介绍数字集成电路分类及常用数字集成电路，第二章为数字电子技术实验，第三章提供课程设计课题选项，第四章介绍 FPGA 与硬件描述语言，第五章为电子仿真软件 Multisim 及其在数字电子技术中的应用，第六章为 Altium Designer 原理图绘制与 PCB 设计。

本书由吉海彦教授主编，徐云副教授参与部分章节的讨论。本书是作者基于长期从事数字电子技术教学工作的经验及积累而编写的，内容若有不妥之处，敬请读者批评指正。

中国农业大学出版社张苏明老师认真负责，为本书的出版做了很多工作，作者在此表示衷心的感谢。

作　者

2020 年 8 月

目 录

第一章　数字集成电路分类及常用数字集成电路

第一节　数字集成电路的分类和特点

常用的数字集成电路主要有双极型的 TTL 集成电路和单极型的 CMOS 集成电路两大类。

一、TTL 集成电路

1. TTL 集成电路的主要系列

74 系列:早期产品。

74H 系列:74 系列的改进型,属于高速 TTL 产品。

74S 系列:肖特基系列,速度较快,但功耗较大。

74LS 系列:低功耗肖特基系列,74S 系列的改进型,当前应用最广泛的 TTL 集成电路。

74ALS 系列:先进的低功耗肖特基系列,74LS 系列的改进型,速度(典型值 4 ns)和功耗都有较大改进,但价格较高。

74AS 系列:先进超高速肖特基系列,74S 系列的后继产品,速度快(典型值 1.5 ns)。

74F(FAST TTL)系列:速度和功耗都介于 74ALS 和 74AS 之间,已成为 TTL 集成电路的主流产品之一。

集成电路还可分为民品级和军品级:74 系列为民品级,工作环境温度 0 ~ 70℃;54 系列为军品级,工作环境温度 -55 ~ +125℃。

2. TTL 集成电路的主要特点

- 所属系列不同但型号相同的器件,引脚排列顺序是相同的。
- 输出电阻低,输出功率大,带负载(包括带容性负载)能力强。
- 工作电流较大,功耗较大。
- 采用单一 +5 V 电源供电。
- 噪声容限较低,只有几百毫伏。
- 工作速度快,参数稳定,工作可靠,但集成度低。

3. TTL 集成电路使用中应注意的问题

（1）电源电压：TTL 集成电路的电源电压范围是+5 V±0.5 V，超出范围可能导致集成电路损坏或逻辑功能混乱。

（2）电源滤波：TTL 集成电路状态的高速切换会产生电流的跳变，其数值为 4~5 mA。该电流会在公共走线上产生电压降，并引起噪声，因此要尽量缩短地线以减小干扰。可在集成电路的电源端并联一个 100 μF 的电解电容进行低频滤波，同时并联一个 0.01~0.1 μF 的瓷片电容进行高频滤波。

（3）输出端的连接：输出端不能直接接电源或地。除集电极开路的 OC 门和三态门（TS）外，其他门电路的输出端不允许并联。几个 OC 门并联实现线与功能时，应在输出端与电源之间接上拉电阻。

（4）多余输入端的处理：与门、与非门多余输入端悬空时相当于接高电平，但悬空时容易引进干扰。可以将多余的输入端直接接电源，或通过一个几千欧的电阻接电源，或将几个输入端并联使用。或门、或非门的多余输入端应当直接接地。对触发器等中规模的集成电路，为减小干扰，多余的输入端应根据逻辑功能接高电平或接地。

二、CMOS 集成电路

1. CMOS 集成电路的主要系列

（1）标准型 4000B/4500B 系列：美国无线电公司（RCA）的 CD4000B 系列和 CD4500B 系列，与美国 Motorola 公司的 MC14000B 系列和 MC14500B 系列，在 GB/T 3430—1989 中命名为 CC4000 系列。该系列集成电路功耗低，速度较低，品种多，电压范围宽（3~18 V）。

（2）74HC/HCT 系列：高速 CMOS 集成电路。74HC 系列供电电压 V_{DD} 为 2~6 V，74HCT 系列 V_{DD} 为 4.5~5.5 V，与 TTL 电路兼容，便于互换。74HC 系列 CMOS 集成电路具有与 74LS 系列 TTL 集成电路相同的工作速度，如果这两种系列产品型号后面的数字相同，则其逻辑功能和引脚排列完全相同。

（3）74AC/ACT 系列：先进的 CMOS 集成电路，具有与 74AS 系列相同的工作速度，其中 74ACT 系列与 TTL 电路兼容。

2. CMOS 集成电路的主要特点

• 工作电压范围宽（3~18 V）；

• 噪声容限高，可达电源电压的 45%，抗干扰能力强；

• 逻辑摆动幅度大，空载时输出高电平 $V_{OH} \geqslant V_{DD} - 0.5$ V，输出低电平 $V_{OL} \leqslant V_{SS} + 0.5$ V；

• 静态功耗极低；

• 输入电阻大,直流输入阻抗大于 100 MΩ,输入电流极小,输出能力强。

3. CMOS 集成电路使用时的注意事项

①多余的输入端不能悬空,应根据逻辑功能接 V_{DD} 或 V_{SS}。工作速度不高时,允许输入端并联使用。

②输出端不允许直接接 V_{DD} 或 V_{SS},除三态门外不允许两个器件的输出端并联。

③测试 CMOS 集成电路时,应先加电源 V_{DD},后加输入信号;关机时应先切断输入信号,再断开 V_{DD}。所有测试仪器的外壳必须良好接地。

④不可在接通电源的情况下插拔 CMOS 集成电路。

⑤CMOS 电路的输入电阻很高,静电就能引起集成电路击穿,所以应存放在导电容器内。焊接时电烙铁的外壳必须接地,或烧热后断开电烙铁的电源,利用其余热焊接。

第二节 常用的数字集成电路

一、门电路

门电路的主要参数如表 1-1 所示。

表 1-1 门电路的主要参数

主要参数	TTL 与非门	CMOS 与非门
静态功耗 P_S	$P_S = I_{CC} V_{CC}$,其中:I_{CC} 为所有输入端悬空、输出端空载时的电源电流;V_{CC} 为电源电压。 $I_{CC} \leqslant 10$ mA,$P_S \leqslant 50$ mW	与电源电压高低有关,为毫瓦量级
输出高电平 V_{OH}	$V_{OH} \geqslant 3.5$ V	$V_{OH} \geqslant V_{DD} - 0.5$ V
输出低电平 V_{OL}(指全部输入端为高电平时的输出电平值)	$V_{OL} \leqslant 0.4$ V	$V_{OL} \leqslant V_{SS} + 0.5$ V
平均传输延迟时间 t_{pd}	几至几十纳秒	200 ns
直流噪声容限 V_{NH} 和 V_{NL}(指允许的输入电压变化范围,V_{NH} 和 V_{NL} 分别是输入端为高、低电平时的噪声容限)	约为 400 mV	一般为电源电压的 30%

1. 与非门

二输入端与非门 74LS00 的引脚排列如图 1-1 所示。四输入端与非门 74LS20 的引脚排列如图 1-2 所示。

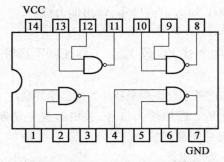

图 1-1　与非门 74LS00 的引脚排列

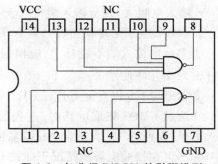

图 1-2　与非门 74LS20 的引脚排列

2. 与门

二输入端与门 74LS08 的引脚排列如图 1-3 所示，四输入端与门 74LS21 的引脚排列如图 1-4 所示。

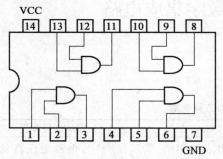

图 1-3　与门 74LS08 的引脚排列

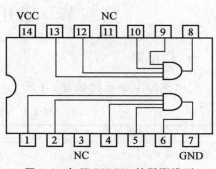

图 1-4　与门 74LS21 的引脚排列

3. 或门

二输入端或门 74LS32 的引脚排列如图 1-5 所示。

4. 或非门

二输入端或非门 74LS02 的引脚排列如图 1-6 所示。

5. 异或门

二输入端异或门 74LS86 的引脚排列如图 1-7 所示。

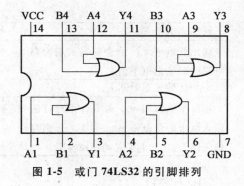

图 1-5　或门 74LS32 的引脚排列

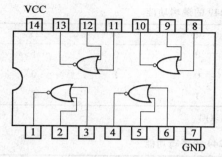

图1-6 或非门 74LS02 的引脚排列

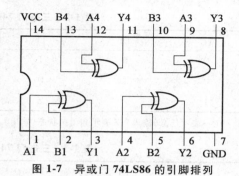

图1-7 异或门 74LS86 的引脚排列

6. 反相器(非门)

反相器 74LS04 的引脚排列如图 1-8 所示。

74LS06 是集电极开路六反相高压驱动器,输出端灌电流可达 40 mA,输出电压高达 30 V。引脚排列与 74LS04 完全一样。

7. 三态门

74LS125 是三态输出的四总线缓冲器,其引脚排列如图 1-9 所示。

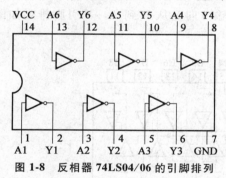

图1-8 反相器 74LS04/06 的引脚排列

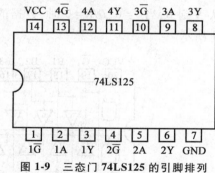

图1-9 三态门 74LS125 的引脚排列

74LS240 为八反相三态缓冲驱动器,内部有 8 个三态门,分为 2 组,每组 4 个,两组分别由使能端 1$\overline{G}$ 和 2$\overline{G}$ 控制,其逻辑功能见表 1-2,引脚排列如图 1-10 所示。74LS244 为八同相三态缓冲驱动器,其结构和控制方式与 74LS240 相同,但输出与输入同相,其逻辑功能见表 1-3。

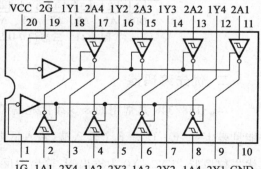

图1-10 三态门 74LS240 的引脚排列

表 1-2   三态门 74LS240 的逻辑功能

$1\bar{G}$	$1A$	$1Y$	$2\bar{G}$	$2A$	$2Y$
0	0	1	0	0	1
0	1	0	0	1	0
1	×	Z	1	×	Z

注:×表示任意(输入),Z 表示高阻抗状态(输出)。后表同。

表 1-3   三态门 74LS244 的逻辑功能

$1\bar{G}$	$1A$	$1Y$	$2\bar{G}$	$2A$	$2Y$
0	0	0	0	0	0
0	1	1	0	1	1
1	×	Z		×	Z

74LS245 是 8 位双向同相三态总线收发器,内部有 8 个三态门。其逻辑功能是:当 $\bar{G}=1$ 时,所有三态门处于高阻抗状态。当 $\bar{G}=0$、$DIR=1$ 时,数据的传输方向是从 A 到 B;当 $\bar{G}=0$、$DIR=0$ 时,数据的传输方向是从 B 到 A。其引脚排列如图 1-11 所示。

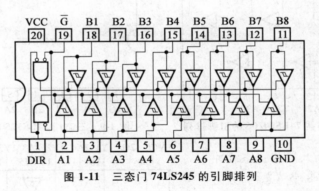

图 1-11   三态门 74LS245 的引脚排列

二、优先编码器

74LS148/348 是常用的 8/3 线优先编码器,其引脚排列如图 1-12 所示,逻辑功能见表 1-4。$\bar{I0}\sim\bar{I7}$ 是 8 个输入端,输入低电平有效。其中 $\bar{I7}$ 的优先权最高,$\bar{I0}$ 的优先权最低。 $\bar{Y2}\sim\bar{Y0}$ 为输出端,输出为反码。

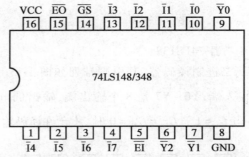

图 1-12　8/3 线优先编码器 74LS148/348 的引脚排列

表 1-4　8/3 线优先编码器 74LS148/348 的逻辑功能

输　入									输　出				
$\overline{EI}$	$\overline{I}_0$	$\overline{I}_1$	$\overline{I}_2$	$\overline{I}_3$	$\overline{I}_4$	$\overline{I}_5$	$\overline{I}_6$	$\overline{I}_7$	$\overline{Y}_2$	$\overline{Y}_1$	$\overline{Y}_0$	$\overline{GS}$	$\overline{EO}$
1	×	×	×	×	×	×	×	×	1/Z	1/Z	1/Z	1	1
0	1	1	1	1	1	1	1	1	1/Z	1/Z	1/Z	1	0
0	×	×	×	×	×	×	×	0	0	0	0	0	1
0	×	×	×	×	×	×	0	1	0	0	1	0	1
0	×	×	×	×	×	0	1	1	0	1	0	0	1
0	×	×	×	×	0	1	1	1	0	1	1	0	1
0	×	×	×	0	1	1	1	1	1	0	0	0	1
0	×	×	0	1	1	1	1	1	1	0	1	0	1
0	×	0	1	1	1	1	1	1	1	1	0	0	1
0	0	1	1	1	1	1	1	1	1	1	1	0	1

注:"1/Z"中的"1"是 74LS148 的输出,"Z"是 74LS348 的输出。

$\overline{EI}$ 为编码允许输入端。当 $\overline{EI}=1$ 时,禁止编码,输出无效;当 $\overline{EI}=0$ 时,允许编码输入。

$\overline{EO}$ 是允许编码输出端,用于多个编码器级联时接在级别低的相邻编码器的 $\overline{EI}$ 端,当本级没有编码信号请求($\overline{I}_0 \sim \overline{I}_7$ 全为 1)时,$\overline{EO}$ 输出有效,允许级别低的编码器编码。

$\overline{GS}$ 为编码输出标志端,$\overline{GS}=0$,表示 $\overline{I0} \sim \overline{I7}$ 端有编码输入请求(有低电平输入),$\overline{Y}_2 \sim \overline{Y}_0$ 是有效的编码输出;$\overline{GS}=1$,表示 $\overline{I0} \sim \overline{I7}$ 端无编码输入请求(没有低电平输入),$\overline{Y}_2 \sim \overline{Y}_0$ 不是有效的编码输出。

三、译码器

1. 3/8 线二进制译码器 74LS138

74LS138 是 3/8 线二进制译码器,其引脚排列如图 1-13 所示,逻辑功能见表 1-5。$A_2 \sim A_0$ 是 3 个输入端,$\overline{Y0} \sim \overline{Y7}$ 是 8 个输出端,输出低电平有效。G1、$\overline{G2A}$、$\overline{G2B}$ 是 3 个控制端。当 $G_1 = 1$ 且 $\overline{G_{2A}} = \overline{G_{2B}} = 0$ 时,才允许译码输出。

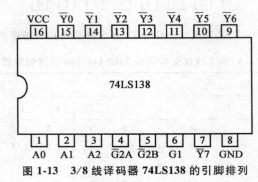

图 1-13　3/8 线译码器 74LS138 的引脚排列

表 1-5　3/8 线译码器 74LS138 的逻辑功能

输　　　入						输　　　出							
G_1	$\overline{G_{2A}}$	$\overline{G_{2B}}$	A_2	A_1	A_0	$\overline{Y_0}$	$\overline{Y_1}$	$\overline{Y_2}$	$\overline{Y_3}$	$\overline{Y_4}$	$\overline{Y_5}$	$\overline{Y_6}$	$\overline{Y_7}$
0	×	×	×	×	×	1	1	1	1	1	1	1	1
1	×	1	×	×	×	1	1	1	1	1	1	1	1
1	1	×	×	×	×	1	1	1	1	1	1	1	1
1	0	0	0	0	0	0	1	1	1	1	1	1	1
1	0	0	0	0	1	1	0	1	1	1	1	1	1
1	0	0	0	1	0	1	1	0	1	1	1	1	1
1	0	0	0	1	1	1	1	1	0	1	1	1	1
1	0	0	1	0	0	1	1	1	1	0	1	1	1
1	0	0	1	0	1	1	1	1	1	1	0	1	1
1	0	0	1	1	0	1	1	1	1	1	1	0	1
1	0	0	1	1	1	1	1	1	1	1	1	1	0

2. 二-十进制译码器 74LS42

74LS42 是二-十进制译码器,其引脚排列如图 1-14 所示,逻辑功能见表 1-6。它有 4 个输入端和 10 个输出端,输出低电平有效。对于输入信号 1001 后的 6 种组合,器件视为无效,输出全为 1。

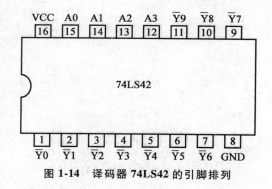

图 1-14　译码器 74LS42 的引脚排列

表 1-6　译码器 74LS42 的逻辑功能

输　　入				输　　出									
A_3	A_2	A_1	A_0	$\overline{Y_0}$	$\overline{Y_1}$	$\overline{Y_2}$	$\overline{Y_3}$	$\overline{Y_4}$	$\overline{Y_5}$	$\overline{Y_6}$	$\overline{Y_7}$	$\overline{Y_8}$	$\overline{Y_9}$
0	0	0	0	0	1	1	1	1	1	1	1	1	1
0	0	0	1	1	0	1	1	1	1	1	1	1	1
0	0	1	0	1	1	0	1	1	1	1	1	1	1
0	0	1	1	1	1	1	0	1	1	1	1	1	1
0	1	0	0	1	1	1	1	0	1	1	1	1	1
0	1	0	1	1	1	1	1	1	0	1	1	1	1
0	1	1	0	1	1	1	1	1	1	0	1	1	1
0	1	1	1	1	1	1	1	1	1	1	0	1	1
1	0	0	0	1	1	1	1	1	1	1	1	0	1
1	0	0	1	1	1	1	1	1	1	1	1	1	0
1	0	1	0	1	1	1	1	1	1	1	1	1	1
1	0	1	1	1	1	1	1	1	1	1	1	1	1
1	1	0	0	1	1	1	1	1	1	1	1	1	1
1	1	1	0	1	1	1	1	1	1	1	1	1	1
1	1	1	1	1	1	1	1	1	1	1	1	1	1

3. BCD-七段译码器 74LS47、74LS48、CD4511

74LS47 是集电极开路的 BCD-七段译码驱动器,用于驱动共阳极的数码管,输入信号是 BCD 码。其引脚排列如图 1-15 所示,逻辑功能见表 1-7。有时 a~g 也标为 QA~QG,A3~A0 也标为 D~A。

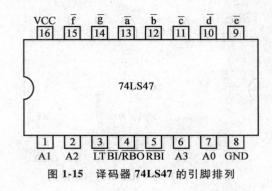

图 1-15 译码器 74LS47 的引脚排列

表 1-7 译码器 74LS47 的逻辑功能

功能	输　入							输　出							显示
	$\overline{BI/RBO}$	$\overline{LT}$	$\overline{RBI}$	A_3	A_2	A_1	A_0	$\overline{a}$	$\overline{b}$	$\overline{c}$	$\overline{d}$	$\overline{e}$	$\overline{f}$	$\overline{g}$	
灭灯	0	×	×	×	×	×	×	1	1	1	1	1	1	1	全灭
灯测试	1	0	×	×	×	×	×	0	0	0	0	0	0	0	8
灭零	1	1	0	0	0	0	0	1	1	1	1	1	1	1	灭零
0	1	1	1	0	0	0	0	0	0	0	0	0	0	1	0
1	1	1	×	0	0	0	1	1	0	0	1	1	1	1	1
2	1	1	×	0	0	1	0	0	0	1	0	0	1	0	2
3	1	1	×	0	0	1	1	0	0	0	0	1	1	0	3
4	1	1	×	0	1	0	0	1	0	0	1	1	0	0	4
5	1	1	×	0	1	0	1	0	1	0	0	1	0	0	5
6	1	1	×	0	1	1	0	1	1	0	0	0	0	0	6
7	1	1	×	0	1	1	1	0	0	0	1	1	1	1	7
8	1	1	×	1	0	0	0	0	0	0	0	0	0	0	8
9	1	1	×	1	0	0	1	0	0	0	1	1	0	0	9

$\overline{BI/RBO}$ 既可作为输入端使用,也可作为输出端使用。作为输入端使用时,是灭灯输入端 $\overline{BI}$,拥有最高的优先级。当 $\overline{BI}$ 端输入 0 时,各字段输出均为 1,灯全灭。

$\overline{LT}$ 是灯测试输入端,低电平有效。当 $\overline{BI} = 1$ 且 $\overline{LT} = 0$ 时,无论其他输入端为何种状态,各字段输出均为 0,灯全亮。利用这一功能可以检查数码管以及与之相连的译码器的好坏。

$\overline{RBI}$ 为灭零输入端,用于多个数码管级联时消除整数位最前面的无效数字 0,

也用于消除小数位后面的无效数字 0。在 $\overline{BI} = 1$、$\overline{LT} = 1$、$A_3A_2A_1A_0 = 0000$ 时,若 $\overline{RBI} = 0$,则译码器各字段输出均为 1,数码管不显示 0,实现灭零功能;若 $\overline{RBI} = 1$,灭零功能不起作用,数码管正常显示数字 0。

$\overline{BI}/\overline{RBO}$ 作为输出端使用时,用于指示译码器的灭零功能是否已经实现。若 $\overline{RBI} = 0$ 且 $A_3A_2A_1A_0 = 0000$,则 $\overline{RBO} = 0$,表示译码器灭零功能有效实现;其他情况下,$\overline{RBO} = 1$,表示译码器没有实现灭零功能。

在多位译码器进行级联时,$\overline{RBO}$ 与 $\overline{RBI}$ 应配合使用。在整数位上,高位的 $\overline{RBO}$ 接低位的 $\overline{RBI}$,最高位的 $\overline{RBI}$ 接低电平,当高位 $A_3A_2A_1A_0 = 0000$ 时,本位灭零,同时 $\overline{RBO}$ 输出为 0,使下级处于灭零状态;在小数位上,低位的 $\overline{RBO}$ 接高位的 $\overline{RBI}$,最低位的 $\overline{RBI}$ 接低电平 0。

74LS47 是集电极开路的译码器,使用时必须通过限流电阻接共阳极接法的数码管,应用电路如图 1-16(a)所示。

74LS48 的引脚排列与 74LS47 相同,控制功能相同,它是高电平输出有效,可直接接共阴极接法的数码管,不需要加限流电阻,应用电路如图 1-16(b)所示。

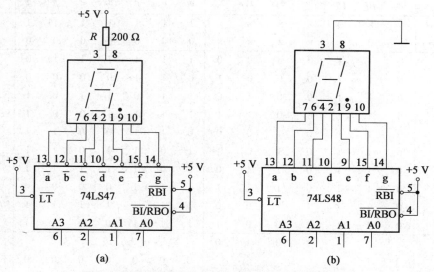

图 1-16　译码器 74LS47(a)、74LS48(b)的应用电路

CC4511 是常用的 CMOS 类 BCD-七段译码器,其引脚排列如图 1-17(a)所示,逻辑功能见表 1-8。

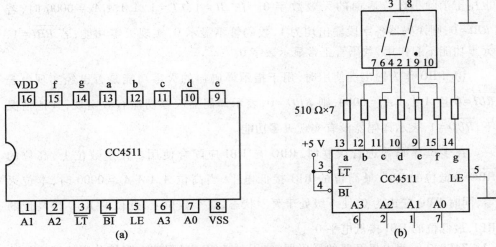

图 1-17　译码器 CC4511 的引脚排列（a）和应用电路（b）

表 1-8　译码器 CC4511 的逻辑功能

功能	输　入							输　出							显示
	LE	$\overline{BI}$	$\overline{LT}$	A_3	A_2	A_1	A_0	a	b	c	d	e	f	g	
灯测试	×	×	0	×	×	×	×	1	1	1	1	1	1	1	8
消隐	×	0	1	×	×	×	×	0	0	0	0	0	0	0	全灭
0	0	1	1	0	0	0	0	1	1	1	1	1	1	0	0
1	0	1	1	0	0	0	1	0	1	1	0	0	0	0	1
2	0	1	1	0	0	1	0	1	1	0	1	1	0	1	2
3	0	1	1	0	0	1	1	1	1	1	1	0	0	1	3
4	0	1	1	0	1	0	0	0	1	1	0	0	1	1	4
5	0	1	1	0	1	0	1	1	0	1	1	0	1	1	5
6	0	1	1	0	1	1	0	0	0	1	1	1	1	1	6
7	0	1	1	0	1	1	1	1	1	1	0	0	0	0	7
8	0	1	1	1	0	0	0	1	1	1	1	1	1	1	8
9	0	1	1	1	0	0	1	1	1	1	0	0	1	1	9
10 ⋮ 15	0	1	1	1 ⋮ 1	0 ⋮ 1	1 ⋮ 1	0 ⋮ 1	0	0	0	0	0	0	0	不显示
锁存	1	1	1	×	×	×	×	输出状态锁定在 LE 由 0 变 1 时的输入所决定的状态							

$\overline{\text{LT}}$ 是灯测试输入端，$\overline{\text{BI}}$ 是灭灯输入端，LE 是数据锁存使能端。当 $LE = 0$ 时，译码器的输出随输入变化；当 $LE = 1$ 时，输入数据被锁存，输出不再随输入变化。

CC4511 输出高电平有效，接共阴极接法的数码管，使用时要加限流电阻，应用电路如图 1-17（b）所示。

CC4511 具有拒绝伪码功能，当输入超过 1001 后，译码输出为 0，数码管全熄灭。

四、发光二极管（LED）显示器

发光二极管（LED）显示器 BS201/202（共阴极）和 BS211/212（共阳极）的外形、引脚排列及等效电路如图 1-18 所示。其中 BS201 和 BS211 每段的最大驱动电流约为 10 mA，BS202 和 BS212 每段的最大驱动电流约为 15 mA。各个字段的名称及与之对应的引脚如图 1-18 所示，其中第 3 脚和第 8 脚用于接电源（对共阳极）或地（对共阴极），使用时要根据外加电压高低选择合适的限流电阻。

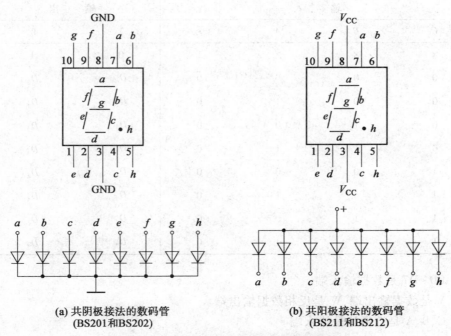

(a) 共阴极接法的数码管　　　　　　(b) 共阳极接法的数码管
(BS201和BS202)　　　　　　　　　(BS211和BS212)

图 1-18　LED 显示器的引脚排列及等效电路

五、数据选择器

74LS151 是 8 选 1 数据选择器,其引脚排列如图 1-19 所示,逻辑功能见表 1-9。

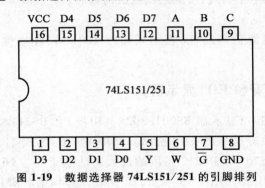

图 1-19 数据选择器 74LS151/251 的引脚排列

表 1-9 数据选择器 74LS151/251 的逻辑功能

输 入				输 出	
C	B	A	$\overline{G}$	Y	W
×	×	×	1	0	1
0	0	0	0	D_0	$\overline{D}_0$
0	0	1	0	D_1	$\overline{D}_1$
0	1	0	0	D_2	$\overline{D}_2$
0	1	1	0	D_3	$\overline{D}_3$
1	0	0	0	D_4	$\overline{D}_4$
1	0	1	0	D_5	$\overline{D}_5$
1	1	0	0	D_6	$\overline{D}_6$
1	1	1	0	D_7	$\overline{D}_7$

D0～D7 是数据输入端。

Y 是数据输出端,W 是反相数据输出端。

C、B、A 是选通地址输入端。

$\overline{G}$ 是选通控制端,当 $\overline{G}=1$ 时,无选通数据输出,$Y=0$,$W=1$;当 $\overline{G}=0$ 时,从 D0～D7 端选择一路数据通过 Y 端输出。

74LS251 的引脚排列与 74LS151 相同,当 $\overline{G}=1$ 时,输出为三态。

74LS153 为双 4 选 1 数据选择器,其引脚排列如图 1-20 所示,逻辑功能与 74LS151 相似,见表 1-10。

74LS253 的引脚排列与 74LS153 相同,当 $\overline{G}=1$ 时,输出为三态。

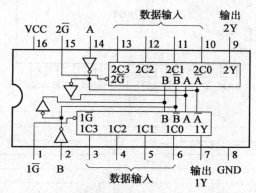

图 1-20　数据选择器 74LS153/253 的引脚排列

表 1-10　数据选择器 74LS153/253 的逻辑功能

地址输入		数据输入				选通控制	输出
B	A	C_0	C_1	C_2	C_3	$\overline{G}$	Y
×	×	×	×	×	×	1	0
0	0	0	×	×	×	0	0
0	0	1	×	×	×	0	1
0	1	×	0	×	×	0	0
0	1	×	1	×	×	0	1
1	0	×	×	0	×	0	0
1	0	×	×	1	×	0	1
1	1	×	×	×	0	0	0
1	1	×	×	×	1	0	1

六、模拟开关

模拟开关既可用于接通和断开模拟信号,也可用于接通和断开数字信号。

CC4051 是常用的 8 选 1 模拟开关,其引脚排列如图 1-21(a)所示,工作原理如图 1-21(b)所示,逻辑功能见表 1-11。

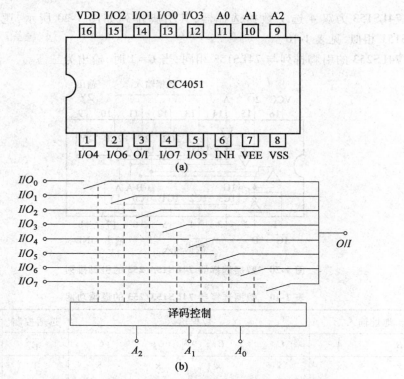

图 1-21 模拟开关 CC4051 的引脚排列 (a) 和工作原理 (b)

表 1-11 模拟开关 CC4051 的逻辑功能

输　　　入				输出
禁止端	地址端			（导通的
INH	A_2	A_1	A_0	通道）
0	0	0	0	I/O_0
0	0	0	1	I/O_1
0	0	1	0	I/O_2
0	0	1	1	I/O_3
0	1	0	0	I/O_4
0	1	0	1	I/O_5
0	1	1	0	I/O_6
0	1	1	1	I/O_7
1	×	×	×	无

CC4051 内部包含 8 个模拟开关,开关接通后,信号可以双向传输。

I/O0~I/O7 是 8 路信号输入/输出端,O/I 是公共输出/输入端。在多路传输时,I/O0~I/O7 作为输入端,O/I 作为输出端;在信号分离时,O/I 作为输入端,I/O0~I/O7 作为输出端。

INH 为禁止端,当 $INH=1$ 时,模拟开关全部断开;当 $INH=0$ 时,开关接通。

A2、A1、A0 是地址码输入端,经译码后,选择接通某一路模拟开关。

CC4051 有 3 个电源端,VDD 为正电源端,VSS 为数字地,VEE 为模拟地。当 VEE 接负电源时,可输入、输出具有正、负两种极性的模拟信号。

七、触发器

1. 双 D 触发器 74LS74

74LS74 为 TTL 型上升沿触发双 D 触发器,其引脚排列如图 1-22 所示。

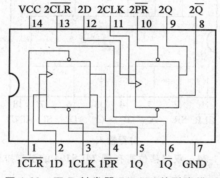

图 1-22　双 D 触发器 74LS74 的引脚排列

2. 双 JK 触发器 74LS112

74LS112 为 TTL 型下降沿触发双 JK 触发器,其引脚排列如图 1-23 所示。

八、双向移位寄存器

74LS194 是 4 位双向移位寄存器,具有左移、右移、数据并行输入、保持、异步置零(复位)等功能。其引脚排列如图 1-24 所示,逻辑功能见表 1-12。

CLR 是异步清零端,低电平有效。CLK 为移位脉冲输入端,上升沿有效。A、B、C、D 为并行数据输入端,QA、QB、QC、QD 为并行数据输出端。SR 为右移串行数据输入端,QD 为右移串行数据输出端。SL 为左移串行数据输入端,QA 为左移串行数据输出端。

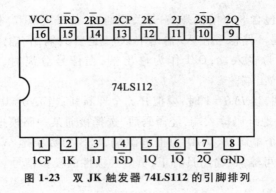

图 1-23 双 JK 触发器 74LS112 的引脚排列

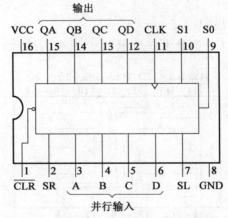

图 1-24 双向移位寄存器 74LS194 的引脚排列

表 1-12 双向移位寄存器 74LS194 的逻辑功能

输　　入				工作状态	输　　出			
CLK	$\overline{CLR}$	S_1	S_0		Q_A^*	Q_B^*	Q_C^*	Q_D^*
×	0	×	×	异步置零	0	0	0	0
↑	1	0	0	保持	Q_A	Q_B	Q_C	Q_D
↑	1	0	1	右移	D_{SR}	Q_A	Q_B	Q_C
↑	1	1	0	左移	Q_B	Q_C	Q_D	D_{SL}
↑	1	1	1	并行输入	A	B	C	D

注：Q_A Q_B Q_C Q_D 为初态，Q_A^* Q_B^* Q_C^* Q_D^* 为次态；D_{SR} 为右移输入端 SR 输入的数据，D_{SL} 为左移输入端 SL 输入的数据。

S1、S0 为工作模式控制端：

当 $S_1 = 0$、$S_0 = 0$ 时，为数据保持状态；

当 $S_1 = 0$、$S_0 = 1$ 时，为右移输入（$Q_A \rightarrow Q_D$）；

当 $S_1 = 1$、$S_0 = 0$ 时，为左移输入（$Q_A \leftarrow Q_D$）；

当 $S_1 = 1$、$S_0 = 1$ 时，为并行输入。

九、计数器

1. 具有同步预置数功能的同步加法计数器 74LS160/161/162/163

74LS160 是具有同步预置数功能、异步清零的同步十进制加法计数器，其引脚排列如图 1-25 所示，逻辑功能见表 1-13。

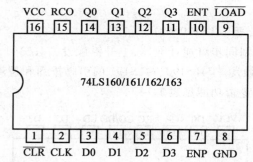

图 1-25　计数器 74LS160/161/162/163 的引脚排列

表 1-13　计数器 74LS160/161/162/163 的逻辑功能

输　　入									输　　出			
CLK	$\overline{CLR}$	ENP	ENT	$\overline{LOAD}$	D_3	D_2	D_1	D_0	Q_3	Q_2	Q_1	Q_0
×(↑)	0	×	×	×	×	×	×	×	0	0	0	0
↑	1	×	×	0	d_3	d_2	d_1	d_0	d_3	d_2	d_1	d_0
↑	1	1	1	1	×	×	×	×	计数			
×	1	0	×	1	×	×	×	×	保持			
×	1	×	0	1	×	×	×	×	保持			

注：括号中的内容对应 74LS162 和 74LS163。

$\overline{CLR}$ 是异步清零端，当 $\overline{CLR} = 0$ 时，不论其他输入端为何种状态，计数器清零。

CLK 是时钟脉冲输入端，上升沿有效。

$\overline{LOAD}$ 是同步并行置数控制端，低电平有效。在 $\overline{LOAD} = 0$ 时，在 CLK 脉冲的

上升沿将 Q3~Q0 端设置成 D3~D0 端的输入状态。

ENP、ENT 为计数控制端,当两者同为高电平时,计数器计数;当两者有一个为低电平时,计数器保持原态。

RCO 是进位输出端,在计数器输出最大值(1001)时,该端输出高电平1,其余时间输出为0。

74LS161 是具有同步预置数功能、异步清零的 4 位二进制计数器(十六进制计数器),进位输出信号 RCO 在计数器输出最大值(1111)时出现。

74LS162 是具有同步预置数功能的十进制加法计数器,但它是同步清零。同步清零是指当 $\overline{CLR}=0$ 时在 CLK 脉冲的上升沿清零。

74LS163 是具有同步预置数功能的 4 位二进制计数器(十六进制计数器),但具有同步清零功能。

2. 同步可逆计数器 74LS190/191

74LS190 是十进制同步可逆计数器,上升沿触发;74LS191 是同步可逆 4 位二进制计数器,上升沿触发。74LS190、74LS191 的引脚排列和逻辑功能相同,其引脚排列如图 1-26 所示,逻辑功能见表 1-14。

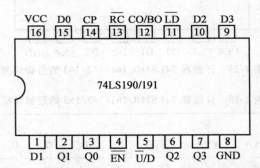

图 1-26　同步可逆计数器 74LS190/191 的引脚排列

表 1-14　同步可逆计数器 74LS190/191 的逻辑功能

$\overline{LD}$	$\overline{EN}$	$\overline{U}/D$	CP	功能
1	0	0	↑	加计数
1	0	1	↑	减计数
0	×	×	×	置数
1	1	×	×	保持

$\overline{LD}$ 是异步置数端,在 $\overline{LD}=0$ 时,不考虑其他输入端的状态,将输出端 Q3~Q0 置成 D3~D0 端的输入状态。

$\overline{EN}$ 是允许计数控制端,$\overline{EN}=1$ 时禁止计数,$\overline{EN}=0$ 时允许计数。

$\overline{U}/D$(UP/DOWN)是加/减计数控制端,当 $\overline{U}/D=0$ 时加计数,当 $\overline{U}/D=1$ 时减计数。

CO/BO 为进位/借位输出端,在计数器出现最大值(加计数)或最小值(减计数)时,该端输出一个正脉冲。

$\overline{RC}$ 为溢出负脉冲输出端,该脉冲出现在最后一个时钟的低电平期间。

3. 双时钟同步可逆计数器 74LS192/193

74LS192 是双时钟同步可逆十进制计数器,74LS193 是双时钟同步可逆 4 位二进制计数器。74LS192、74LS193 的引脚排列和逻辑功能相同,其引脚排列如图 1-27 所示,逻辑功能见表 1-15。

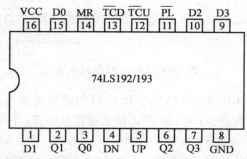

图 1-27　双时钟同步可逆计数器 74LS192/193 的引脚排列

表 1-15　双时钟同步可逆计数器 74LS192/193 的逻辑功能

输　入								输　出			
MR	$\overline{PL}$	UP	DN	D_3	D_2	D_1	D_0	Q_3	Q_2	Q_1	Q_0
1	×	×	×	×	×	×	×	0	0	0	0
0	0	×	×	d_3	d_2	d_1	d_0	d_3	d_2	d_1	d_0
0	1	↑	1	×	×	×	×	加计数			
0	1	1	↑	×	×	×	×	减计数			
0	1	1	1	×	×	×	×	保持			

MR 是异步清零端,优先级最高,在 $MR=1$ 时,不考虑其他输入端的状态,计数器清零。

$\overline{PL}$ 是异步置数端,优先级较 MR 端低,在 $MR=0$、$\overline{PL}=0$ 时,不考虑其他输入端的状态,将输出端 Q0~Q3 置成 D0~D3 端的输入状态。

DN 是减计数脉冲输入端,上升沿有效。UP 是加计数脉冲输入端,上升沿有效。

$\overline{TCU}$ 是进位输出端,低电平有效,在加计数到最大值(1001)时出现在 UP 脉冲的低电平期间,如图 1-28 所示。

$\overline{TCD}$ 是借位输出端,低电平有效,在减计数到最小值(0000)时出现在 DN 脉冲的低电平期间,如图 1-28 所示。

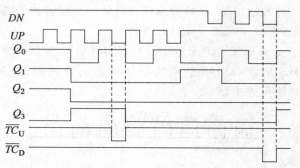

图 1-28　74LS192 的时序图

CMOS 计数器 CC40192/40193 的引脚排列和逻辑功能与 74LS192/193 相同。CC40192 是十进制计数器,CC40193 是 4 位二进制计数器(十六进制计数器)。

4. 二进制加法计数器/分频器 CC4040

计数器除了计数功能以外,还具有分频器的作用,计数器的位数越多,分频能力越强。CC4040 是常用的 12 级计数器/分频器,其引脚排列如图 1-29 所示。

CP 是计数脉冲输入端,计数器在 CP 下降沿翻转。

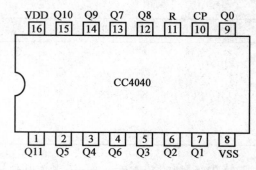

图 1-29　计数器/分频器 CC4040 的引脚排列

R 是异步清零端,$R=1$ 时计数器清零。

Q0 ~ Q11 是 12 级二分频输出端,每经过一级二分频器,计数脉冲的频率降低一半,即 Q0、Q1、Q2 端输出脉冲的频率分别为 CP 脉冲频率的 $1/2$、$1/4$、$1/8$,其余类推。

5. 异步加法计数器 74LS290

74LS290 是下降沿触发的二-五-十进制异步计数器,其引脚排列如图 1-30 所示,逻辑功能见表 1-16。

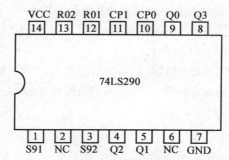

图 1-30　异步加法计数器 74LS290 的引脚排列

表 1-16　异步加法计数器 74LS290 的逻辑功能

输　　入						输　　出			
R_{01}	R_{02}	S_{91}	S_{92}	CP_0	CP_1	Q_3	Q_2	Q_1	Q_0
1	1	0	×	×	×	0	0	0	0
1	1	×	0	×	×	0	0	0	0
×	×	1	1	×	×	1	0	0	1
$R_{01}=R_{02}=0$		$S_{91}=S_{92}=0$		↓	×	二进制计数			
				×	↓	五进制计数			
				↓	Q_0	8421 码十进制计数			
				Q_3	↓	5421 码十进制计数			

R01 和 R02 是异步清零端,当 $R_{01}=R_{02}=1$ 时,计数器清零。

S91 和 S92 是异步置 9 输入端,当 $S_{91}=S_{92}=1$ 时,计数器置 9(输出端状态为 1001)。

从 CP0 输入计数脉冲,以 Q0 为输出端,其他输出端不用,为二进制计数方式;从 CP1 输入计数脉冲,以 Q3、Q2、Q1 为输出端,为五进制计数方式;将 Q0 接 CP1,从 CP0 输入计数脉冲,以 Q3、Q2、Q1、Q0 为输出端,为十进制计数器。

十、555 定时器

555 定时器是一种多用途的数字-模拟混合集成电路,利用它能极方便地构成施密特触发电路、单稳态电路和多谐振荡电路。由于其使用灵活、方便,所以 555 定时器在波形产生与变换、测量与控制、家用电器、电子玩具等许多领域得到了广泛的应用。

1. 555 定时器的电路结构

双极型 555 定时器的电路结构如图 1-31 所示。它由比较器 C1 和 C2、SR 锁存器、集电极开路的放电三极管 TD 等部分组成。

2. 555 定时器的外形和引脚排列

555 是双极型的 TTL 集成定时器,其双列直插型封装的引脚排列如图 1-32 所示。7555 是单极型的 CMOS 集成定时器,其功能和引脚排列与 555 定时器完全相同。

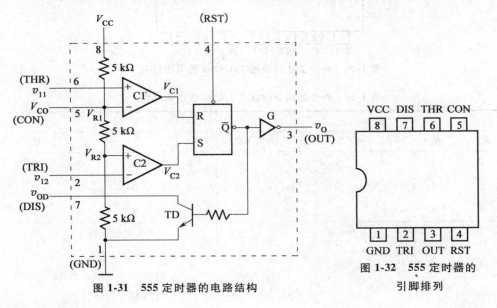

图 1-31　555 定时器的电路结构

图 1-32　555 定时器的引脚排列

3. 用 555 定时器构成单稳态电路

555 定时器外接电阻 R 和电容 C,就构成了单稳态电路,如图 1-33 所示,其电压波形如图 1-34 所示。

输出脉冲的宽度 t_w 等于暂稳态的持续时间:$t_w = RC \ln 3 \approx 1.1RC$。

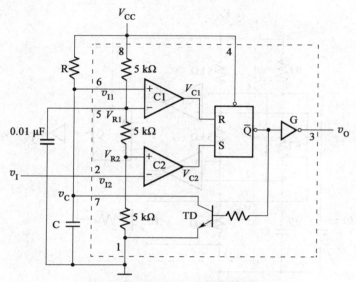

图 1-33　用 555 定时器构成的单稳态电路

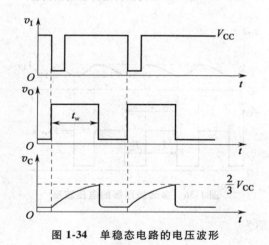

图 1-34　单稳态电路的电压波形

　　通常电阻的取值在几百欧到几兆欧之间,电容的取值为几百皮法到几百微法,t_w 的范围为几微秒到几分钟。

　　4. 用 555 定时器构成多谐振荡器

　　555 定时器外接元件 R1、R2 和 C,就构成多谐振荡器,如图 1-35 所示,其电压波形如图 1-36 所示。

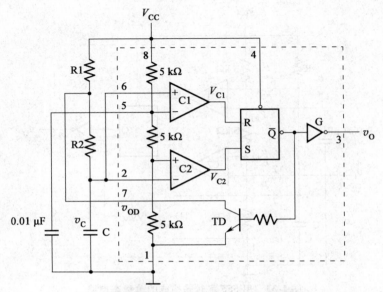

图 1-35 用 555 定时器构成的多谐振荡器

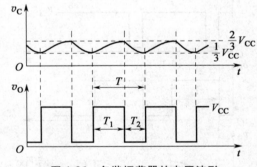

图 1-36 多谐振荡器的电压波形

电路的振荡周期为

$$T = T_1 + T_2 = (R_1 + 2R_2)C \ln 2$$

通过改变电阻和电容的参数,可以改变振荡周期或振荡频率。

输出脉冲的占空比为

$$q = \frac{T_1}{T} = \frac{R_1 + R_2}{R_1 + 2R_2}$$

第二章 数字电子技术实验

实验一 门电路特性与功能

一、实验目的

1. 学习门电路的主要参数及传输特性的测试方法；
2. 测试门电路的逻辑功能；
3. 学习数字逻辑电路实验箱的使用。

二、实验内容

1. TTL 与非门参数测试（74LS00）

①自行连接电路,测量并记录输出高电平 V_{OH}。

②自行连接电路,测量并记录输出低电平 V_{OL}。

③测量与非门的电压传输特性曲线,测试电路如图 2-1 所示。

测量一组对应的输入电压 V_I 和输出电压 V_O,填入表 2-1 中。绘出 V_I-V_O 曲线,即电压传输特性曲线。

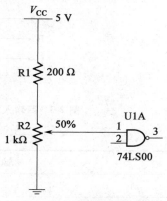

图 2-1　与非门电压传输特性曲线的测试电路

表 2-1　与非门电压传输特性测试表

V_I/V								
V_O/V								

2. 三态门应用

使用三态门（74LS125）和非门（74LS04）,连接电路如图 2-2 所示。A 端输入 1 Hz 的方波信号,B 端分别接 1 和 0,用指示灯观察输出端 F1 和 F2 的现象。

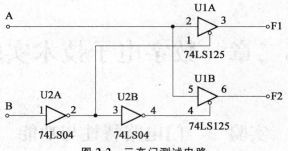

图 2-2   三态门测试电路

3. 四输入端与非门 74LS20 逻辑功能测试

测试电路如图 2-3 所示,接 3 个输入变量,用发光二极管显示相应的输出。将测试结果记入表 2-2 中。

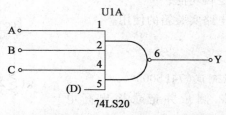

图 2-3   四输入端与非门(74LS20)的逻辑功能测试电路

表 2-2   与非门 74LS20 逻辑功能测试表

输　　　　　入				输　　出
A	B	C	(D)	Y
0	0	0		
0	0	1		
0	1	0		
0	1	1		
1	0	0		
1	0	1		
1	1	0		
1	1	1		

三、思考题

与非门多余的输入端应如何处理?

实验二　组合逻辑电路

一、实验目的

1. 掌握组合逻辑电路的设计方法；
2. 学习译码显示电路的应用。

二、实验内容

1. 设计发电机控制电路

某工厂有 3 个车间 A、B、C，有一个自备电站，站内有 2 台发电机 M 和 N，其中 N 的发电能力是 M 的 2 倍。如果 1 个车间开工，启动 M 就可以满足要求；如果 2 个车间开工，启动 N 就可以满足要求；如果 3 个车间同时开工，同时启动 M、N 才能满足要求。

试用异或门（74LS86）和与非门（74LS00）设计一个控制电路，根据车间的开工情况来控制 M 和 N 的启动。

进行逻辑抽象，列出真值表，写出逻辑表达式，并考虑利用两个输出的共有项 $(A \oplus B)$，得到逻辑表达式：

$$M = A \oplus B \oplus C$$

$$N = (A \oplus B)C + AB = \overline{\overline{(A \oplus B)C} \cdot \overline{AB}}$$

按照逻辑表达式，可画出如图 2-4 所示的逻辑电路图。

用实验验证输入、输出的逻辑关系。

2. 设计全减器

用 3/8 线译码器（74LS138）和与非门（74LS20），设计一个 1 位二进制全减器电路。

要求：列出真值表，写出表达式，画出电路连接图。用实验验证真值表。

3. 设计译码显示电路

使用译码器 74LS47 和共阳极数码显示管，设计一个如图 2-5 所示的译码显示电路。图中 A3、A2、A1、A0 端接拨码开关，作为十进制数据输入，用数码管显示其对应的数字。

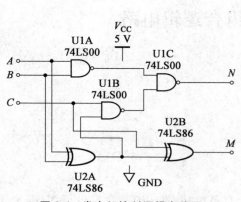

图 2-4　发电机控制逻辑电路图

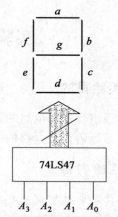

图 2-5　译码显示电路示意图

　　根据译码器的逻辑功能及引脚排列,画出译码器与数码管的电路连接图。用实验验证其功能。

实验三　触发器及其应用

一、实验目的

1. 了解触发器的触发方式(上升沿触发、下降沿触发)及触发特点;
2. 测试常用触发器的逻辑功能;
3. 掌握用触发器设计同步时序逻辑电路的方法。

二、实验内容

1. 测试双 D 触发器 74HC74(或 74HC175)的逻辑功能

测试双 D 触发器的输入、输出以及时钟脉冲的关系。注意观察输出是在时钟脉冲的什么时刻(上升沿、下降沿、高电平)发生变化的。

2. 设计三分频电路

用双 D 触发器设计一个同步三分频电路。用示波器观察并记录时钟脉冲 CLK 和触发器输出 Q_1、Q_2 的波形。(按三进制计数器来设计)

3. 观察分析同步时序逻辑电路 1

分析图 2-6 所示同步时序电路的逻辑功能,用示波器观察并记录 CLK、Q_1、Q_2 的波形。

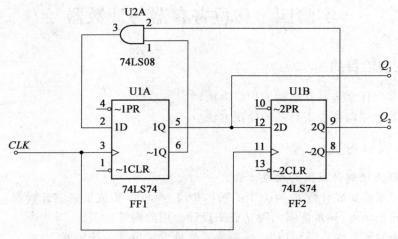

图 2-6　同步时序逻辑电路 1

4. 观察分析同步时序逻辑电路 2

分析图 2-7 所示同步时序电路的逻辑功能。用示波器观察并记录 CP、Q_1（74LS74 的 1Q 端）、Q_2（74LS76 的 1Q 端）的波形。说明各触发器的翻转条件。

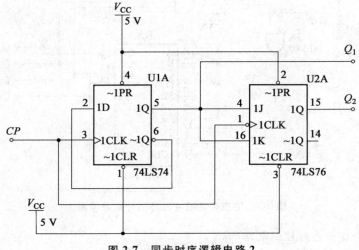

图 2-7　同步时序逻辑电路 2

实验四 移位寄存器与计数器

一、实验目的

1. 掌握任意进制计数器的构成方法；
2. 熟悉双向移位寄存器的使用方法。

二、实验内容

1. 任意进制计数器的构成方法

用中规模集成计数器 74HC161 和与非门 74LS00,构成十进制计数器。要求分别使用同步预置、异步清零两种功能来设计。用数码管显示。

实验验证分别用同步预置、异步清零两种方法设计的计数器。

2. 设计 4 位环形计数器

用 4 位双向移位寄存器 74HC194,设计一个能够自启动的 4 位环形计数器(参考图 2-8),并测试其输入 CP 和输出 Q_A、Q_B、Q_C、Q_D 的逻辑关系。

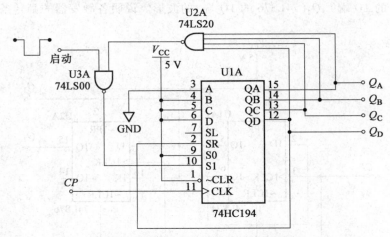

图 2-8 能自启动的 4 位环形计数器电路

3. 设计节日彩灯控制电路

用 4 位双向移位寄存器 74HC194 和与非门 74LS00,设计一个节日彩灯控制电路。要求:当输入连续脉冲时,输出端的 4 个发光二极管右移逐位亮,继而右移逐位灭。参考图 2-9 所示电路,将实现结果绘制成状态转换图。

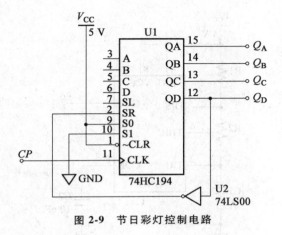

图 2-9　节日彩灯控制电路

实验五　555 集成定时器

一、实验目的

1. 熟悉 555 集成定时器的应用；
2. 学会应用 555 集成定时器设计电路；
3. 熟悉多谐振荡器和单稳态电路的特性。

二、实验内容

1. 用 555 定时器构成多谐振荡器

电路如图 2-10 所示，多谐振荡器振荡周期 $T = (R_1 + 2R_2) C_1 \ln 2$。选取适当的电容值 C_1 和电阻值 R_1、R_2，使振荡频率为 800 Hz。

用示波器观察充放电电容的波形和输出端的波形，分析、验证工作原理，并将对应的波形记录下来。

2. 用 555 定时器构成单稳态电路

电路如图 2-11 所示。输入脉冲信号频率为 500 Hz，选取适当的电容值 C_1 和电阻值 R_1，使暂态时间为 0.5～1.5 ms 可调。

单稳态脉冲宽度 $t_w \approx 1.1 R_1 C_1$。

用示波器观察充放电电容的波形和输出端的波形，分析、验证工作原理，并将对应的波形记录下来。

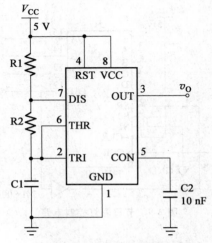

图 2-10　多谐振荡器电路

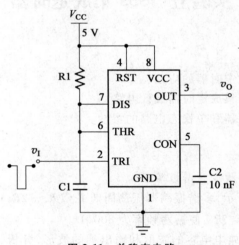

图 2-11　单稳态电路

3. 用 555 定时器构成压控振荡器

利用 555 定时器设计一个压控振荡器,要求不接输入控制信号时电路的初始振荡频率为 9.5 kHz。参考电路如图 2-12 所示。

试推导振荡频率与控制电压之间的关系。当输入控制电压增大或减小时,振荡频率如何变化?

改变输入控制电压的大小,用示波器观察输出波形的频率变化。

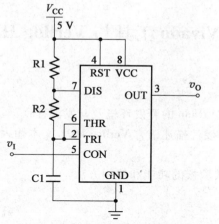

图 2-12　压控振荡器电路

实验六　数字电子技术设计实验

一、实验目的

检验数字电子技术实验设计及调试能力。

二、实验内容

用 555 定时器设计一个 1 Hz 左右的脉冲源作为时钟信号;用 74HC161 及必要的门电路设计一个六十进制的计数器,计数结果用七段数码管显示。(用实验箱上方右边的七段数码管,已包含有显示译码器)

三、预习要求

画出实验原理图,计算必要的元件参数值。
用电子仿真软件 Multisim 对设计的电路进行仿真。
教师在实验前要检查预习情况。

四、实验报告要求

1. 画出经调试通过的电路原理图,标出必要的元件参数值。
2. 分析实验中出现的问题,说明解决的方法。
3. 当场交实验报告。

实验七　Vivado 工具与 Verilog HDL 的使用

一、实验目的

1. 熟悉设计软件 Vivado 的开发环境及开发流程；

2. 掌握 Vivado 中硬件描述语言 Verilog HDL 文本输入设计方法，包括仿真、综合、实现与下载；

3. 熟悉 Minisys 实验板的功能和使用方法。

二、实验内容

利用 Verilog HDL 在 Vivado 中创建简单的 24 位拨码开关的输入电路和 24 位 LED 灯的输出电路，将设计下载到 Minisys 实验板。

注意：由于 Minisys 实验板所用的 XC7A100T-1FGG484C 芯片比较新，因此，需要用 64 位的 Vivado 2015.4 及以后的版本。

三、实验步骤

1. 创建一个项目

- Project name：　　　　　Ex_1
- Product category：　　　All
- Family：　　　　　　　　Artix-7
- Package：　　　　　　　fgg484
- Speed grads：　　　　　−1
- Temp grads：　　　　　All Remaining

2. 添加源代码

初始的 Ex_1 文件内容：可以看到文件中 Ex_1 的模块是空的。

```
module Ex_1(
    input [23:0]sw,
    output [23:0]led
    );
endmodule
```

用下面的程序替代空模块：

```
module Ex_1(
    input [23:0]sw,
    output [23:0]led
    );
    assign led =sw;
endmodule
```

这个模块的功能就是将拨码开关的状态赋值给 LED。

3. 仿真

仿真用于检查电路设计是否正确。

仿真源文件的文件名为 Ex_1_sim,打开该文件,可以看到目前的模块定义为:

```
module Ex_1_sim(
    );
endmodule
```

用下面的代码替代：

```
module Ex_1_sim();
    //input
    reg [23:0]sw = 24'h000000;
    //output
    wire [23:0]led;
    //instantiate the Unit under test
    Ex_1 uut(
    . sw(sw),
    . led(led)
    );
    always #10 sw = sw+1;
endmodule
```

上面的代码首先例化了 Ex_1 模块,将 sw 初始化为 0。

always #10 sw=sw+1 是每隔 10 个单位时间将 sw+1。注意 Ex_1_sim. v 文件的第一行是 timescale 1ns/1ps,这表明 1 个单位时间是 1 ns,10 个单位时间就是 10 ns,因此 sw 每隔 10 ns 会加 1。

4. 综合

综合是将高级抽象层次的电路描述转化为较低层次的描述,也就是说将语言描述的电路逻辑转化为与门、或门、非门、触发器等基本逻辑单元的互联关系,即通常说的门级互联网表。综合过程将 Verilog 代码翻译成门级互联网表。

在 Project Manager 中点击 Run Synthesis 开始综合。如果综合没有问题,会出现综合完成(Synthesis Completed)的窗口。

5. 引脚分配

引脚分配就是设置输入输出信号与实验板上 I/O 口的对应关系。

在 Project Manager 中点击 Open Synthesized Design。选择菜单 Layout→I/O Planning,出现引脚分配表。

先将 I/O Std 这一系列全部改为 LVCMOS33,然后点击 Site 对每个引脚进行分配。

引脚分配好后,点击 Ctrl+S,保存引脚分配设置,存储于约束文件中。

6. 实现

实现是一个 place 和 route 的过程,也就是布局布线。

综合步骤生成的门级网表只是表示了门和门之间虚拟的连接关系,并没有规定每个门的位置以及连线的长度等。布局布线就是将门级网表中的门的位置以及连线信息确定下来的过程。

布局是将门级网表中的每一个门"安置"到 CLB(可配置逻辑模块)中,这个过程是一个映射的过程。布线是利用 FPGA(现场可编程门阵列)中丰富的布线资源将 CLB 根据逻辑关系连接在一起。一般的布局布线策略是占用最少的 CLB 并且连线尽量短,也就是面积和速度最优。

在 Project Manager 中点击 Run Implementation 开始实现过程。实现完成后出现"Implementation Completed"窗口,表明实现结束。

7. 产生比特流文件并下载

用 USB 下载线将 Minisys 实验板的 USB 转 UART 接口与计算机的 USB 口相连,打开实验板的电源。

下载结束后可以看到,实验板上的 LED 灯的状态会随着拨码开关状态的变化而变化。

附：Minisys 实验板

Minisys 实验板如图 2-13 所示，它是一个以 Xilinx Artix-7 TM 系列 FPGA（XC7A100T–1FGG484C）为主芯片的实验平台，可用于数字电子技术（数字电路）、计算机组成原理等多门课程的实验。

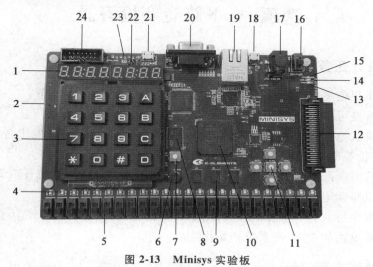

图 2-13　Minisys 实验板

1. 8 个七段数码管；2. Micro SD 卡槽（板卡背面）；3. 4×4 小键盘；4. LED 灯（红、黄、绿各 8 个）；

5. 拨码开关；6. 蜂鸣器；7. FPGA 复位按键；8. DDR3 SDRAM；9. SRAM；10. 主芯片；

11. 5 个按键开关；12. 接口板连接器；13. FPGA 烧写完成指示灯；14. USB_JTAG 指示灯；

15. 电源指示灯；16. 电源开关；17. 电源连接口；18. USB 转 UART 接口（供电用）；

19. 以太网接口；20. VGA 接口；21. USB_JTAG 接口（编程用）；

22. 编程跳线；23. 用户扩展 I/O 口；

24. JTAG 接口

第三章　课程设计课题选项

选项一　8 路竞赛抢答器

一、设计任务和要求

用中小规模集成电路设计一个 8 路竞赛抢答器,具体要求如下:

①抢答器可供 8 个代表队(或 8 个人)使用,代表队编号为 0~7。

②若某队抢答成功,用数码管直观地显示代表队的编号,并发出音响提醒信号,同时将抢答电路锁定。抢答电路锁定后,各队的抢答器失效。

③抢答时间限制为 30 s,若超时仍没有代表队抢答,系统发出音响提醒信号,并将抢答电路锁定。抢答时间采用倒计时,用数码管直观地显示。

④节目主持人有一个控制开关,用于控制比赛的开始与中止、关闭音响提醒、解除对抢答电路的锁定、使系统初始化等。

二、总体方案设计

根据总体任务要求,8 路竞赛抢答器应当由秒信号发生器、30 s 倒计时电路、抢答按键、锁存器、优先编码器、主持人按键、控制电路、音响提醒电路以及译码器、显示器等组成。如图 3-1 所示。

秒信号发生器用于产生 30 s 倒计时电路所需要的标准秒信号。倒计时电路的计时时间,经倒计时译码器译码后,送到倒计时显示器显示。倒计时结束时,倒计时电路向控制电路发出倒计时结束信号。控制电路控制倒计时电路的初始化及倒计时的开始和中止。

8 个抢答按键产生的 8 路抢答信号,送到锁存器锁存,再经过锁存器送到优先编码器。优先编码器将 8 路抢答信号编码为十进制 BCD 编码,送到抢答译码器译码后,由抢答显示器显示。

优先编码器具有抢答信号检测功能。若有抢答信号产生,优先编码器在对抢答信号编码输出的同时,还输出一个编码有效信号,作为有人抢答信号。有人抢答信号送到锁存器,控制锁存器锁定抢答信号,并拒绝新的抢答信号输入。有人抢答信号送到控制电路,使音响提醒电路发出音响提醒信号并停止倒计时。

控制电路接收主持人按键发出的控制信号、30 s 倒计时结束信号、有人抢答信号,控制 30 s 倒计时电路的初始化及倒计时的开始和中止,使锁存器解除锁定,控制音响提醒电路的工作。

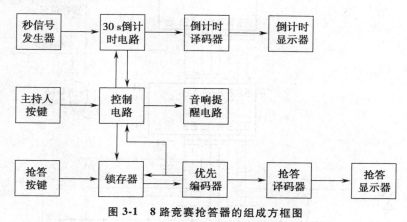

图 3-1　8 路竞赛抢答器的组成方框图

三、单元电路设计

1. 秒信号发生器

秒信号发生器为由 555 定时器等构成的多谐振荡器,其电路如图 3-2 所示。其中 $R_{12} = 100$ kΩ, $R_{13} = 22$ kΩ, $C_4 = 10$ μF,可产生振荡周期为 1 s 的信号。

2. 抢答按键与锁存器

抢答按键与锁存器组成抢答电路,如图 3-3 所示。B0 ~ B7 是 8 个按键,0 ~ 7 号参赛队分别使用 B0 ~ B7 这 8 个按键。

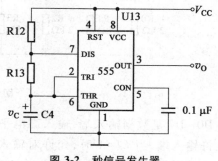

图 3-2　秒信号发生器

锁存器 U1 选用 74LS373。74LS373 是 8D 锁存器,D0 ~ D7 是 8 个数据输入端,Q0 ~ Q7 是数据输出端,与输入信号相同。$\overline{\text{OE}}$ 是数据输出允许端,低电平时允许数据输出。LE 是数据锁存端,当 $LE = 1$ 时,允许数据输入;$LE = 0$ 时,将输入的数据锁存并保存,不再允许信号输入。

3. 优先编码器

优先编码器选用 CC4532,如图 3-3 所示。CC4532 是 8/3 线优先编码器。

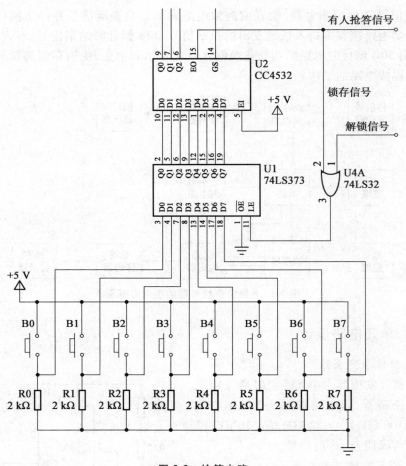

图 3-3 抢答电路

D0~D7 是数据输入端,输入高电平有效。Q0~Q2 是编码输出端。EI 是编码允许输入端,当 $EI = 1$ 时,允许对输入信号编码并使输出有效。EO 端、GS 端都是与编码有效相关的输出信号,在 D0~D7 端有 1 输入时,这两个端的输出发生变化。在 $EI = 1$ 且输入端信号全为 0 时,$EO = 1$,$GS = 0$;在 $EI = 1$ 且输入端有 1 输入时,$EO = 0$,$GS = 1$。

EO 为有人抢答信号,无人抢答时,D0~D7 端输入全为 0,$EO = 1$,通过或门 U4A,使 U1 的 $LE = 1$,锁存器 U1 允许信号输入。有人抢答时,D0~D7 端有 1 输入,$EO = 0$,通过或门 U4A,使 U1 的 $LE = 0$(此时解锁信号无效,为 0),将锁存器 U1 锁定。

4. 抢答译码器、抢答显示器

抢答译码器将优先编码器输出的 BCD 码译码后送到 LED 数码管显示,电路如图 3-4 所示。抢答译码器由 74LS48 组成,其数据输入端 A、B、C 分别接 U2 的 Q0~Q2,输入端 D 接地。其输出使数码管显示数字 0~7。

无人抢答时,U2 的 GS 输出为 0,接到 U3 的 $\overline{BI}$ 端,数码管不亮;有人抢答时,U2 的 GS 输出为 1,接到 U3 的 $\overline{BI}$ 端,将数码管点亮,数码管显示出抢答人的编号。

5. 30 s 倒计时电路

30 s 倒计时电路由两片 74LS192 组成(U5 和 U6),如图 3-5 所示。74LS192 是双时钟同步可逆十进制计数器。U5 的 UP 端接 1,DN 端接秒信号计数脉冲,可实现减法计数。D3~D0 是置数输入端,$\overline{PL}$ 是置数控制端,输入低电平时,将 Q3~Q0 置数为 D3~D0 的输入信号。MR 是清零端,高电平有效。

TCD 是借位输出端,级连时将 U5 的 $\overline{TCD}$ 端

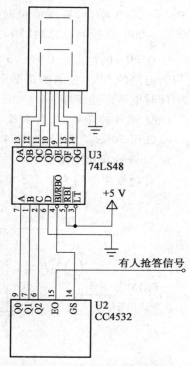

图 3-4 抢答译码器、显示器电路

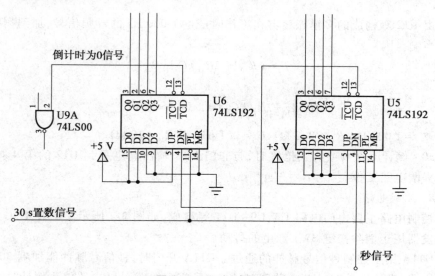

图 3-5 30 s 倒计时电路

接 U6 的 DN 端,可实现低位向高位的借位。将 U6、U5 的置数输入端 D3～D0 接 0011、0000,在控制电路的"30 s 置数"脉冲的作用下,可实现 30 s 置数。

在 30 s 倒计时至 0 时,U6 的 $\overline{\text{TCD}}$ 端送出一个"倒计时为 0"的低电平信号到控制电路的 U9A,使音响提醒电路(图 3-6)发出声音,并封锁秒信号脉冲,使 30 s 倒计时电路停止工作。

6. 倒计时译码器、显示器

选用 74LS47、74LS48、CC4511 等与 LED 数码管构成倒计时译码器和显示器。

7. 音响提醒电路

音响提醒电路为由 555 定时器(U12)等构成的多谐振荡器,如图 3-6 所示。

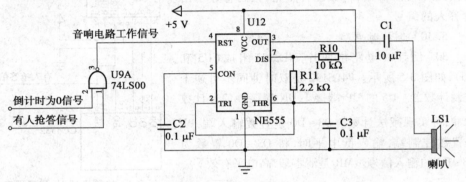

图 3-6　音响提醒电路

由 U12 等构成的多谐振荡器在工作时产生 1 000 Hz 的音频信号,加到喇叭上发生声响。因

$$T = (R_{10} + 2R_{11})C_3\ln 2$$

所以

$$(R_{10}+2R_{11})C_3 f = 1/\ln 2 \approx 1.44$$

取 $f = 1\ 000$ Hz, $R_{11} = 2.2$ kΩ, $C_3 = 0.1$ μF,得 $R_{10} = 10$ kΩ。

30 s 倒计时至 0 或有人抢答时,与非门 U9A 输出高电平到 U12 的第 4 脚,使音响提醒电路工作。

8. 控制电路

控制电路主要由门电路 U4、U9～U11 等组成,如图 3-7 所示。U9B、U9C 组成的触发器用于消除按键 SW1 产生的抖动。

U11A 用于控制秒信号脉冲的通过。U11A 开门时,秒信号脉冲能加到 30 s 倒计时电路,进行倒计时;U11A 关门时,脉冲不能通过,倒计时电路停止倒计时。

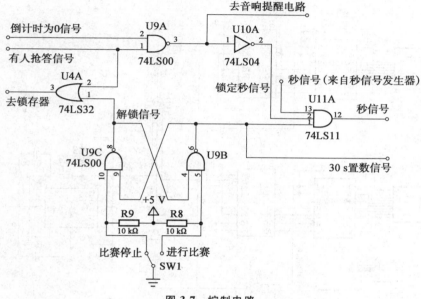

图 3-7　控制电路

　　30 s 倒计时电路倒计时至 0 时,产生"倒计时为 0"的低电平信号。该信号通过 U9A 变为高电平,去音响提醒电路,使音响提醒电路工作;同时通过 U10A 变为低电平,控制 U11A 关门,使秒信号不能通过,30 s 倒计时电路停止倒计时。

　　有人抢答时,产生"有人抢答"的低电平信号。该信号通过 U9A 变为高电平,去音响提醒电路,使音响提醒电路工作;同时通过 U10A 使 U11A 关门,使秒信号不能通过,30 s 倒计时电路停止倒计时。该信号还通过 U4A 去锁存器,将锁存器锁定。

　　节目主持人将按键置于"比赛停止"位置时,U9C 输出高电平,这个高电平通过 U4A 去锁存器,将锁存器解锁;U9B 输出低电平,此低电平控制 U11A 关门,使秒信号不能通过,30 s 倒计时电路停止倒计时。U9B 输出的低电平还加到 30 s 倒计时电路的置数控制端,将其置为三十进制计数器。

　　节目主持人将按键置于"进行比赛"位置时,U9C 输出低电平,这个低电平加到 U4A 上,但不起作用;U9B 输出高电平,此高电平使 U11A 开门,秒信号能够通过,使 30 s 倒计时电路开始倒计时。U9B 输出的高电平加到 30 s 倒计时电路的置数控制端,但不起作用。

四、整体电路

　　8 路竞赛抢答器的整体电路如图 3-8 所示。

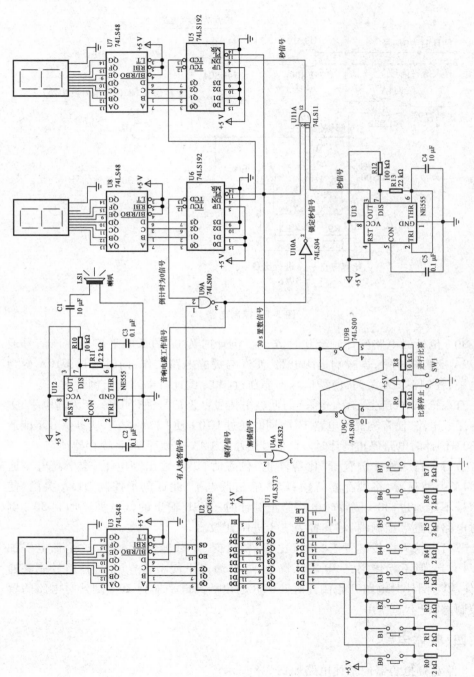

图 3-8　8 路竞赛抢答器的整体电路

选项二　数字脉搏测试仪

一、概述

脉搏测试仪是用来测量人体心脏跳动频率的有效工具。心脏跳动频率通常用每分钟心脏跳动的次数来表示。采用数字脉搏测试仪测量心脏跳动频率，具有测量精确、使用方便、显示结果醒目等特点。

1. 分析课题设计要求

正常人的脉搏是 60~80 次/min，一般不会超出 50~150 次/min 的范围，这种频率属于低频范畴。因此，脉搏测试仪是用来测量低频信号的装置，它的基本功能要求是：

①把人体的脉搏（振动）转换成电信号，这就需要借助传感器。

②对转换后的电信号，要进行放大和整形等信号调理，以保证其他电路能正常加工和处理。

③在很短的时间（若干秒）内，测量经放大后的电信号频率值。

总之，脉搏测试仪的核心是要对低频电脉冲信号在固定的短时间内计数，最后以数字形式显示出来。可见，脉搏测试仪的主要组成部分是计数器和数字显示器。

2. 确定总体设计方案

脉搏测试仪的上述功能要求可采用以下方案来实现：把转换为电信号的脉搏信号，在单位时间（1 min 或 0.5 min）内进行计数，并用数字显示计数值，从而直接得到每分钟的脉搏数。

设计方案的方框图如图 3-9 所示，各部分的作用如下。

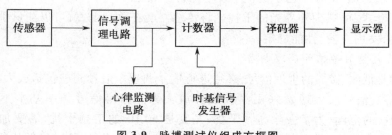

图 3-9　脉搏测试仪组成方框图

（1）传感器：将脉搏转换成相应的电脉冲信号。

（2）放大整形等信号调理电路：对微小电脉冲进行放大整形等。

（3）时基信号发生器：产生固定时间（1 min 或 0.5 min）的控制信号，作为计数器的门控信号，使计数器在此期间才进行计数。

（4）计数器、译码器、显示器：在门控信号作用期间，由计数器对电脉冲信号进行计数，经显示译码器译码后，由数码管显示计数值。

（5）心律监测电路：如出现心律不齐，应有所显示（示警）。

二、电路组成和工作原理

1. 传感器

把脉搏转换成电信号，可采用压电式传感器。压电式传感器有石英晶体和压电陶瓷两种基本类型。石英晶体的温度稳定性和机械强度都很高，工作温度范围宽，转换效率也高。压电陶瓷是人工制造的压电材料，优点是压电系数大，灵敏度高，价格便宜，只是温度稳定性和强度不如石英晶体。目前应用较多的是压电陶瓷，它在性能上能满足脉搏测试仪的要求，除此之外成本低也是一个重要的因素。

也可用指套式的透射型光电传感器，其结构如图 3-10 所示。传感器主要由发光二极管和光敏三极管组成，其工作原理是：发光二极管发出的光透射过手指，被手指组织的血液吸收而衰减，然后由光敏三极管接收。由于手指动脉血在血液循环过程中呈周期性的脉动变化，所以它对光的吸收也是周期性脉动的，于是光敏三极管输出信号的变化也就反映了动脉血的脉动变化。

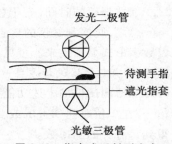

图 3-10　指套式透射型光电
传感器结构示意图

发光二极管采用红色单色光，稳定性好。传感器做成指套式，可减少外界光的干扰。将传感器套在手指上，就可以测量手指末端处的脉搏，使用方便，性能稳定。

2. 放大整形等信号调理电路

脉搏是低频、微弱的生理信号，必须进行信号调理。信号调理包括放大、低通滤波、整形等。信号放大通常采用集成运算放大器。脉搏信号频率基本不会超出 0.1~20 Hz 的范围，为了去除高频干扰，尤其是 50 Hz 的工频干扰，需要加一个截止频率为 25 Hz 的 RC 低通滤波器。滤波以后再进行整形，使脉搏信号的波形适合计数器的要求（作为计数器的时钟脉冲）。

3. 时基信号发生器

为了得到频率较低、脉冲宽度一定（比如 1 min）的时基信号，通常采用"振荡加分频"的方法，先用振荡器产生高频脉冲，然后经数次分频得到所需要的时基信号。这种方法能获得十分精确的脉冲信号。一些常用的集成器件，例如 CC4060 和 CC4040，其内部同时包含振荡和分频两部分电路，使用起来十分方便。

4. 计数器

计数器最好选用有选通脉冲输出控制的计数器，以便采用动态扫描显示的方式，这样可以大大简化电路，节省器件。这种类型的计数器中，典型的是 CD4553。

5. 译码器和显示器

如没有特殊要求，一般只需根据所用的显示器件，选取合适的显示译码器即可。

三、设计任务书

1. 技术要求

①应用数字电路实现在 1 min 或 0.5 min 内测量脉搏次数，并显示其数值。

②测量误差≤2 次/min。

③能正确测量人的脉搏次数，如出现心律不齐，要有所显示。

④功耗低，体积小，质量小。

2. 设计内容和要求

①用压电陶瓷传感器或指套式透射型光电传感器测量，用 LED 数码管显示。

②确定设计方案，画出组成方框图，简述每部分功能和基本实现方法。

③进行单元电路分析，选择合适的逻辑部件，采用动态扫描显示。

④进行必要的计算，以确定主要元件参数值。

⑤绘制完整的电路原理图。

⑥组装电路并进行实验调试，说明调试步骤和基本原理。

⑦对设计电路进行讨论，提出改进意见，简要进行误差分析。

四、电路设计与计算

脉搏测试仪的参考电路如图 3-11 所示。

1. 放大整形等信号调理电路

根据所用的压电陶瓷传感器，或指套式透射型光电传感器，设计信号放大、滤波及脉冲整形电路。

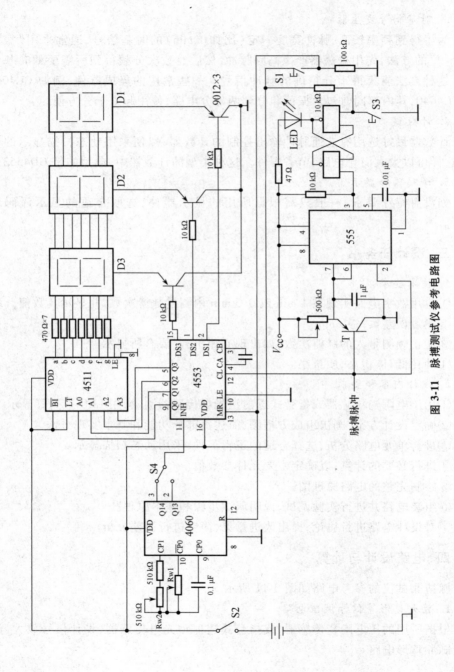

图 3-11 脉搏测试仪参考电路图

2. 计数器电路

计数器是脉搏测试仪的重要组成部分,这里选用 CD4553(MC14553)计数器。CD4553 有以下特点:

①有锁存控制、计数允许、计数溢出和清零等多种功能。

②是 3 位十进制计数器,但只有 1 位输出端(输出 BCD 码),要完成 3 位输出,采用扫描输出方式,通过它的选通脉冲信号,依次控制 3 位十进制数的输出,从而实现扫描显示。

CD4553 的组成方框图及引脚排列如图 3-12 所示,其逻辑功能见表 3-1。

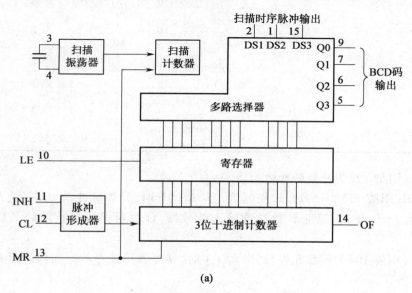

(a)

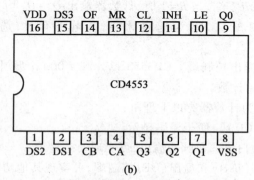

(b)

图 3-12 计数器 CD4553 组成方框图(a)和引脚排列(b)

表 3-1　计数器 CD4553 的逻辑功能

输　入				输　出
MR	CL	INH	LE	
0	↑	0	0	不变
0	↓	0	0	计数
0	×	1	×	不变
0	1	↑	0	计数
0	1	↓	0	不变
0	0	×	×	不变
×	×	×	↑	锁存
0	×	×	1	锁存
1	×	×	0	$Q_0 = Q_1 = Q_2 = Q_3 = 0$

CL(引脚 12)为计数脉冲输入端。

INH(引脚 11)为计数允许控制端,当 $INH = 0$ 时,计数脉冲由 CL 端进入计数器,而当 $INH = 1$ 时,禁止计数脉冲输入计数器,计数器保持禁止前的最后计数状态。

LE(引脚 10)为锁存允许端,当 $LE = 1$ 时,锁存器呈锁存状态而保持原有锁存器内信息。

MR(引脚 13)为清零端,当 $R = 1$ 时,计数器输出 $Q_0 \sim Q_3$ 均为 0。

DS1 ~ DS3(引脚 2、1、15)为选通脉冲,低电平有效,选通其所连接的数码管。

OF(引脚 14)为溢出控制端。CD4553 每计满 1 000 个脉冲,溢出端输出一个脉冲,而后又重新开始计数。

采用 CD4553 作为计数器有以下理由:

①计数输出为 BCD 码,便于译码显示。

②具有显示驱动扫描选通脉冲输出,可实现动态显示。

③具有计数允许(INH)和溢出(OF)控制端,可实现其他功能的要求。

3. 译码器和显示器电路

译码器的功能是把计数器 CD4553 输出的计数结果(BCD 码)转换成 7 段字形

码,以驱动数码管,实现数字的显示。

　　CD4511 是常用的 BCD 码七段显示译码器,它本身由译码器和输出缓冲器组成,具有锁存、译码和驱动等功能。其输出最大电流可达 25 mA,可直接驱动共阴极 LED 数码管。

　　译码显示采用扫描方式,使 3 位数字显示只需一片 CD4511 译码器,这种显示方式可简化电路,节省元件和降低功耗。扫描显示方式的原理如图 3-13 所示。该图为 3 位 LED 显示,所有位的 7 段码线都并联在一起,而各位数码管的共阴极(对共阴极 LED 数码管)D1、D2、D3 分别被计数器 CD4553 输出的扫描时序脉冲 DS_1、DS_2、DS_3 控制(本设计电路中经三极管控制 D1~D3),从而实现各位的分时选通显示。但要注意,为了显示稳定,应

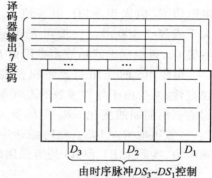

图 3-13　3 位 LED 数码管显示电路

使扫描时序脉冲的频率合适,频率过低将会使显示产生闪烁,而频率过高会使显示产生余辉。扫描频率与显示数码管的位数有关,位数越多扫描频率应越高,通常取扫描频率为几百赫兹,可通过改变接入电容的大小来调整。数码管的限流电阻可取 0.5 kΩ 左右。

　　4. 时基信号产生电路

　　时基电路应产生一个方波定时脉冲,用来控制计数器 CD4553 的 INH 端,以便使计数器在定时脉冲宽度所限定的时间内对脉搏脉冲进行计数,限定时间为 1 min(60 s)或 0.5 min(30 s)。

　　为了得到精确的定时信号(计数器的门控信号),需采用振荡、分频的方法。在参考电路中选用 CD4060 组件来实现这种功能。

　　CD4060 是 14 位二进制串行计数器(分频器),但是它内部除了有 14 个 T 型触发器(组成 14 位计数器)外,还包含一个振荡器,只要在 CP1、CP0 和 $\overline{CP0}$ 端外接电阻和电容,就可以构成 RC 振荡器。

　　为了得到 60 s 脉宽的定时信号,RC 振荡器的输出脉冲需经 2^{14} 次分频。该单元电路如图 3-14 所示,则振荡脉冲的频率

$$f_0 = \frac{2^{14}}{60 \times 2} \text{ Hz} \approx 136 \text{ Hz}$$

　　当 CD4060 接成 RC 振荡器时,其振荡频率 f_0 与电阻、电容之间有以下近似

关系：

$$f_0 = \frac{1}{2.2R_T C_T}$$

电阻值 R_T 应大于 1 kΩ，电容值 C_T 应大于或等于 100 pF。一般可先选定电容值 C_T，再根据上式估算出电阻值 R_T。

电阻 RS 的作用是改善振荡器的稳定性，减少由于器件参数的差异而引起的振荡周期的变化。R_S 应尽量大于

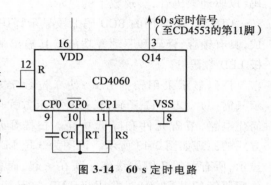

图 3-14　60 s 定时电路

R_T，一般可取 $R_S = 10R_T$，此时振荡周期的变化可大为减小。为了得到准确的振荡频率值，实际上 RT 和 RS 均应采用电位器，以方便调整。

5. 心律监测电路

图 3-11 所示电路不仅可以测出人的心脏每分钟跳动的次数，还能够指示心率是否正常。心率不正常（心律不齐）是指心脏跳动过程中出现停跳的状态，即在连续的脉搏电信号中出现脉冲失落的现象。通常采用漏失脉冲检出电路来进行监测，电路如图 3-15 所示。

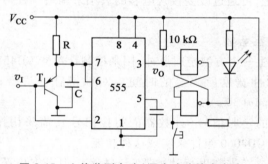

图 3-15　心律监测电路（漏失脉冲检出电路）

漏失脉冲检出电路的核心是由 555 定时器组成的单稳态触发器，此外，在外接电容 C 的两端并入了一个三极管 T。

在没有加入触发脉冲前，电路处于稳态，输出端（555 定时器引脚 3）为低电平，$v_0 = 0$。当输入端（555 定时器引脚 7）的触发脉冲下降沿到达后，电路进入暂稳态，输出端为高电平，$v_0 = 1$。而后电源电压 V_{CC} 通过电阻 R 开始向电容 C 充电，当充电至 $v_C = \frac{2}{3}V_{CC}$ 时，电路又返回到稳态，输出端重新回到低电平，$v_0 = 0$，这个稳态

一直维持到下一个触发脉冲下降沿到达为止。暂稳态持续时间(输出脉冲宽度 t_w)只取决于外接电阻 R 和电容 C 的大小,$t_w = 1.1RC$。单稳态电路的工作波形如图 3-16 所示。

漏失脉冲检出电路的基本原理是:在没有漏失脉冲时,电容 C 充电电压始终达不到 $\frac{2}{3}V_{cc}$,输出端将一直维持高电平。但是,当有漏失脉冲时,电容 C 充电时间加长,可使充电电压达到 $\frac{2}{3}V_{cc}$,于是电路由暂稳态返回稳态,输出端变为低电平。在下一个触发脉冲下降沿到达时,输出端又变为高电平,结果是在出现漏失脉冲时,输出端产生一个负脉冲,它可作为有漏失脉冲的标志信号。现结合图 3-15 和工作波形(图 3-17)进行说明。

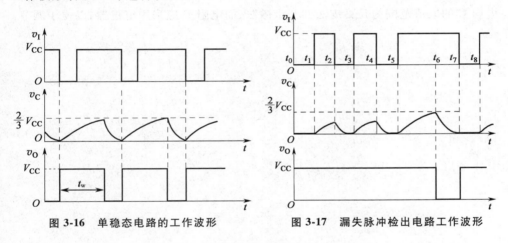

图 3-16　单稳态电路的工作波形　　　　图 3-17　漏失脉冲检出电路工作波形

假设单稳态开始时 $v_0 = 1$,本来电容 C 应通过电阻 R 被电源充电,但此时 v_I 为低电平,晶体管 T 饱和导通,C 两端电压 v_C 近似为 0,只有在 t_1 时刻后,由于 v_I 变为高电平,晶体管 T 截止,电容 C 才开始充电,v_C 将近似线性增加。当到达 t_2 时刻,电容 C 充电电压尚未达到 $\frac{2}{3}V_{cc}$,而触发脉冲 v_I 的下降沿已经出现,在此后的 $t_2 \sim t_3$ 期间,电容 C 很快放电(因晶体管 T 导通),这样输出电压 v_0 仍保持原来的高电平。在 t_3 时刻电容 C 又开始充电,未充到 $\frac{2}{3}V_{cc}$ 时,v_I 又产生下降沿(t_4 时刻),电容 C 很快放电。t_5 时刻电容 C 开始充电,由于在 $t_5 \sim t_7$ 期间有触发脉冲漏失,这样充电时间加长,在 t_6 时刻电容 C 充电至 $\frac{2}{3}V_{cc}$,使输出端 v_0 变为低电平,电容 C

则通过 555 定时器内部的开关管迅速放电。t_7 时刻有触发脉冲下降沿出现,从而使 v_0 回跳至高电平。可见有漏失脉冲时,输出电压 v_0 就会出现一个负脉冲,它就是检出漏失脉冲的标志信号。

图 3-15 中的两个与非门组成 RS 触发器,用来记忆漏失脉冲的状态。这样,当有漏失脉冲(脉搏停跳一次)时,v_0 出现负冲,通过 RS 触发器使发光二极管 LED 阴极为低电平,于是 LED 被点亮,告知测试者。

为了能检出漏失脉冲,应适当调节单稳态触发器输出脉冲宽度 $t_w (= 1.1RC)$,使其稍大于输入脉冲(脉搏电信号)的周期。

由于人的心跳一般为 60~120 次/min,对应的周期为 1~0.5 s,所以要求

$$1.1RC > (0.5 \sim 1) \text{ s}$$

电容 C 的取值范围为几百皮法到几十微法,而电阻 R 应采用电位器,以便于调节。

第四章　FPGA 与硬件描述语言

第一节　可编程逻辑器件

一、概述

　　根据逻辑功能的特点,可以将数字集成电路分为通用型和专用型两类。中小规模数字集成电路都属于通用型数字集成电路,它们的逻辑功能都比较简单,而且是固定不变的。由于它们的这些逻辑功能在组成复杂数字系统时经常要用到,所以这些器件有很强的通用性。

　　理论上来说,用通用型的中小规模集成电路可以组成任何复杂的数字系统。随着集成电路集成度越来越高,如果能把所设计的数字系统做成一片大规模集成电路,则不仅能减小电路的体积、质量、功耗,而且会使电路的可靠性大大提高。这种为某种专门用途而设计的集成电路称为专用集成电路(application specific integrated circuit,ASIC)。但是在用量不大的情况下,设计和制造这样的专用集成电路不仅成本很高,而且设计和制造的周期也很长。

　　可编程逻辑器件(programmable logic device,PLD)是作为一种通用型器件生产的,但它的逻辑功能是由用户通过对器件编程来设定的。这样就解决了专用集成电路用量少、成本高、设计制造周期长的问题,而且有些 PLD 的集成度很高,足以满足设计一般数字系统的需要。

　　图 4-1 为数字系统由通用型中小规模集成电路、专用集成电路到可编程逻辑器件的发展历程。

图 4-1　数字系统的发展历程

二、ASIC 设计方法

ASIC 的设计方法有全定制和半定制两种,半定制又分为门阵列法、标准单元法、可编程逻辑器件法,如图 4-2 所示。

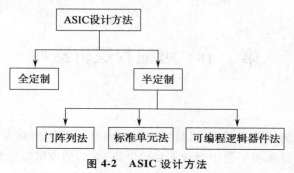

图 4-2　ASIC 设计方法

三、PLD 的发展和分类

PLD 的发展经过如下几个阶段:

• PROM,可编程只读存储器(programmable read only memory);

• FPLA,现场可编程逻辑阵列(field programmable logic array),也称 PLA;

• PAL,可编程阵列逻辑(programmable array logic);

• GAL,通用阵列逻辑(generic array logic);

• EPLD,可擦除可编程逻辑器件(erasable programmable logic device);

• CPLD,复杂可编程逻辑器件(complex programmable logic device);

• FPGA,现场可编程门阵列(field programmable gate array)。

按照集成度来说,PLD 可分为简单 PLD 和复杂 PLD,简单 PLD 包括 PROM、PLA、PAL、GAL,复杂 PLD 包括 EPLD、CPLD 和 FPGA,如图 4-3 所示。

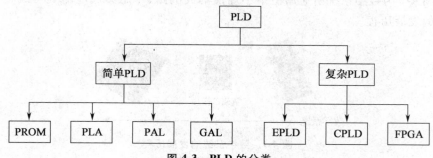

图 4-3　PLD 的分类

四、大规模集成电路常用的逻辑图符号

在用 PLD 组成大规模集成电路(LSI)时常用的逻辑图符号如图 4-4 所示。

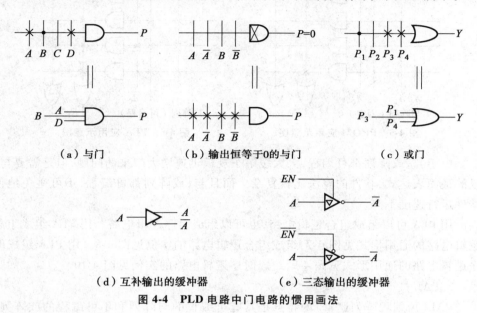

（a）与门　　　　　（b）输出恒等于0的与门　　　　　（c）或门

（d）互补输出的缓冲器　　　　　（e）三态输出的缓冲器

图 4-4　PLD 电路中门电路的惯用画法

五、PLD 的结构及应用

1. PROM

PROM 由可编程的或阵列和不可编程的与阵列组成。图 4-5 为 PROM 的应用示意图。图中,交叉点处的"·"代表不可编程,交叉点处的"×"代表可编程。图中输出变量 F_1、F_0 与输入变量 A_1、A_0 的逻辑关系为

$$F_0 = A_0 \overline{A_1} + \overline{A_0} A_1$$
$$F_1 = A_1 A_0$$

PROM 只用于组合逻辑,输入变量数目增加会引起存储量的大幅度增加,多输入的组合函数不适合用 PROM 实现。

2. PLA

PLA(可编程逻辑阵列)的特点是或阵列和与阵列都可编程。图 4-6 为 PLA 的应用示意图。

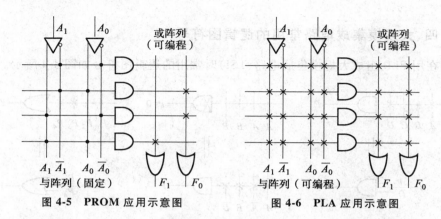

图 4-5 PROM 应用示意图   图 4-6 PLA 应用示意图

由于与、或阵列都可编程,大大缓解了规模迅速增大带来的问题,但是需要与、或的最简表达式,软件的算法比较复杂。而且与、或阵列都可编程,不可避免地使器件运行速度下降。

用 PLA 可以组成组合逻辑电路,也可以组成时序逻辑电路。用 PLA 组成组合逻辑电路的通用形式见图 4-7,组成组合逻辑电路的实例见图 4-8。用 PLA 组成时序逻辑电路的通用形式见图 4-9,组成时序逻辑电路的实例见图 4-10。

3. PAL

PAL(可编程阵列逻辑)的特点是具有可编程的与阵列和不可编程的或阵列。图 4-11、图 4-12 为 PAL 应用示例。

由于或阵列固定,运行速度提高,而且逻辑函数输出化简不必考虑公共的乘积项,大大简化了算法。

4. GAL

GAL(通用阵列逻辑)是在 PAL 的基础上改进发展而来的,其基本结构仍然由可编程的与阵列、固定的或阵列和输出电路组成。但是它在 PAL 的基础上做了两个重要的改进,一是采用电擦除可编程只读存储器(electrically erasable programmable read-only memory,EEPROM),二是具有输出逻辑宏单元(output logic macro cell,OLMC)。

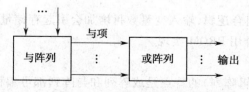

图 4-7 用 PLA 组成组合逻辑电路的通用形式

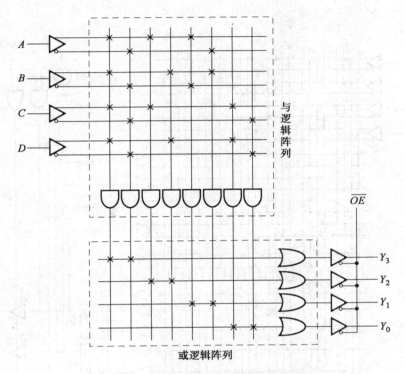

图 4-8　用 PLA 组成组合逻辑电路实例

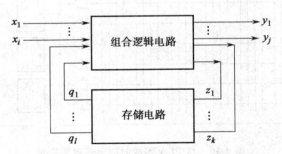

图 4-9　用 PLA 组成时序逻辑电路的通用形式

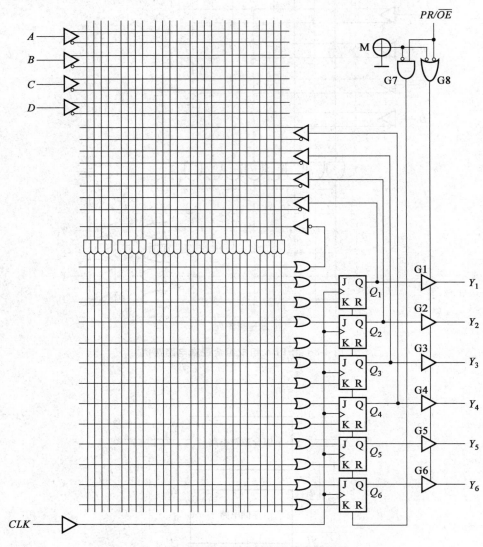

图 4-10　用 PLA 组成时序逻辑电路实例

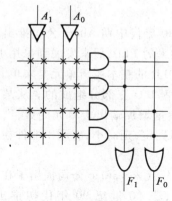

图 4-11　PAL 应用示例 1

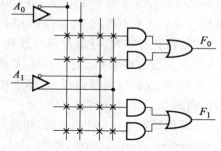

图 4-12　PAL 应用示例 2

为了解决时序逻辑的问题,1985 年 Lattice 在 PAL 基础上设计出了 GAL,首次采用了 EEPROM,具有可擦除性,在 PAL 基础上增加了 OLMC,可以配置成组合输出、专用输入、组合输出双向口、寄存器输出、寄存器输出双向口等。图 4-13 为 GAL 的示意图。

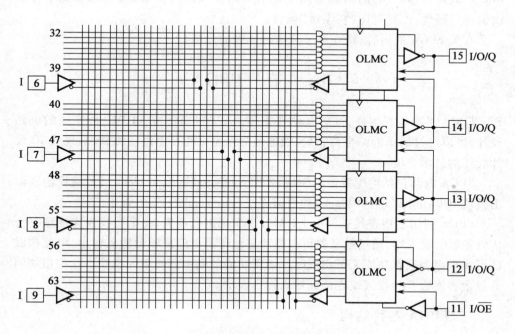

图 4-13　GAL 示意图

5. EPLD 和 CPLD

可擦除可编程逻辑器件（EPLD）是 20 世纪 80 年代中期 Altera 公司推出的基于 UVEPROM（紫外线擦除的 PROM）和 CMOS 技术的 PLD，后来发展到采用 EEC-MOS（电信号擦除的 CMOS）工艺制作的 PLD。EPLD 的基本逻辑单元是宏单元，宏单元是由可编程的与阵列、可编程寄存器和可编程 I/O 三部分组成的。从某种意义上讲，EPLD 是改进的 GAL，它在 GAL 基础上大量增加输出宏单元的数目，提供更大的与阵列，集成密度大幅提高，内部连线相对固定，延时小，有利于器件在高频下工作，但内部互连能力较弱。

复杂可编程逻辑器件（CPLD）是 20 世纪 80 年代末 Lattice 公司提出了在系统可编程（in system programmable，ISP）技术以后，于 20 世纪 90 年代初推出的。CPLD 至少包含 3 种结构：可编程逻辑宏单元、可编程 I/O 单元和可编程内部连线，它是在 EPLD 的基础上发展起来的，采用 EECMOS 工艺制作，与 EPLD 相比，增加了内部连线，对逻辑宏单元和 I/O 单元也有很大的改进。

6. FPGA

前面所讲的电路，都采用了与、或逻辑阵列加上输出逻辑单元的结构形式，而 FPGA（现场可编程门阵列）则采用了完全不同的电路结构形式。FPGA 属于可多次编程的器件，而且可以"在系统"编程。

有关 FPGA 的内容，将在第二节进行详细的介绍。

第二节　FPGA

FPGA 是可编程器件，目前以硬件描述语言（Verilog 或 VHDL）所完成的电路设计，可以经过简单的综合与布局，快速地烧录至 FPGA 上进行测试，是现代 IC 设计验证的技术主流。

FPGA 内部包括可配置逻辑模块 CLB（configurable logic block）、可编程输入输出模块 IOB（input/output block）和内部连线（interconnect）3 个部分。

FPGA 利用小型查找表（16×1 RAM）来实现组合逻辑，每个查找表连接到一个 D 触发器的输入端，通过触发器再去驱动其他逻辑电路或驱动输入输出，由此构成既可实现组合逻辑功能又可实现时序逻辑功能的基本逻辑单元模块。这些模块间通过金属连线互相连接或连接到输入输出模块。

一、FPGA 芯片结构

FPGA 芯片结构如图 4-14 所示。图中 SB 为开关盒子，CB 为连接盒子。

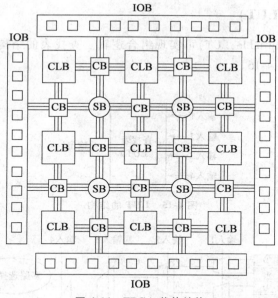

图 4-14　FPGA 芯片结构

二、可编程输入输出模块(IOB)

①IOB 是芯片与外界电路的接口部分,完成不同电气特性下对输入/输出信号的驱动与匹配。

②为了便于管理和适应多种电气标准,FPGA 的 IOB 被划分为若干个组(bank),每个组的接口标准由其接口电压 V_{CCO} 决定,一个组只能有一种 V_{CCO},但不同组的 V_{CCO} 可以不同。只有相同电气标准的端口才能连接在一起。

三、可配置逻辑模块(CLB)

①CLB 是 FPGA 内的基本逻辑单元。

②CLB 的实际数量和特性会依器件的不同而不同,但是每个 CLB 都包含一个可配置开关矩阵,此矩阵由 4 或 6 个输入、一些选型电路(多路复用器等)和触发器组成。开关矩阵是高度灵活的,可以对其进行配置,以便组成组合逻辑电路、移位寄存器或 RAM。

四、查找表(LUT)

查找表(look-up table,LUT)可实现组合逻辑。查找表的结构如图 4-15 所示,查找表的原理见图 4-16。

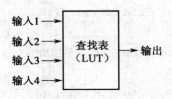

图 4-15   LUT 的结构

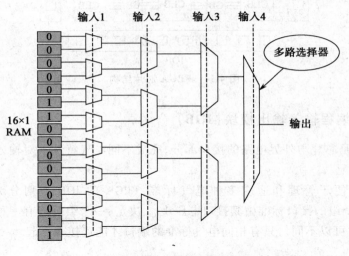

图 4-16   LUT 的原理

五、逻辑元(LE)

逻辑元(logic element,LE/logic cell,LC)包含 LUT、触发器、进位链、级连链,其结构如图 4-17 所示。

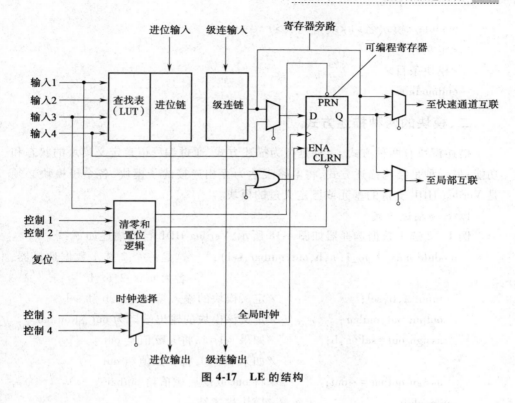

图 4-17　LE 的结构

第三节　硬件描述语言简介

数字电路的设计,已经由传统的手工设计方式,逐渐转变为以计算机辅助设计为主要手段的自动化方式,硬件描述语言(hardware description language, HDL)就是设计人员利用电子设计自动化(EDA)工具描述电子电路的一种方法。利用硬件描述语言并借助 EDA 工具,可以完成从系统、算法、协议的抽象层次对电路进行建模、仿真、性能分析,直到 IC 版图或 PCB 版图生成的全部设计工作。

常见的硬件描述语言有 Verilog HDL 和 VHDL。

一、硬件描述语言的基本程序结构

Verilog HDL 为模块化结构,模块(module)对应硬件上的逻辑实体,描述这个实体的功能或结构,以及它与其他模块的接口。

模块的基本语法结构是

module <模块名>(<端口列表>)
<定义>
<模块条目>
endmodule

二、模块的两种描述方式

描述模块有两种方式,一种是行为描述方式,通过编程语言定义模块的状态和功能;另一种是结构描述方式,将电路表达为互相连接的子模块,各个子模块必须是 Verilog HDL 支持的基元或已定义过的模块。

1. 行为描述方式

例 1 2 选 1 数据选择器如图 4-18 所示,Verilog HDL 行为描述如下:

module mux_2_to_1(a,b,out,outbar,sel); ∥这是一个 2 选 1 数据选择器,
                                         名为 mux_2_to_1

   input a,b,sel;   ∥定义模块的输入端口为 a、b 和 sel

   output out,outbar;   ∥定义该模块的输出端口为 out 和 outbar

   assign out = sel? a:b; ∥如果 sel = 1,将 a 赋值给 out
                           ∥如果 sel = 0,将 b 赋值给 out

   assign outbar = ~ out; ∥将 out 取反后赋值给 outbar

endmodule   ∥模块描述结束

2. 结构描述方式

例 2 2 选 1 数据选择器门级电路原理如图 4-19 所示,Verilog HDL 结构描述如下:

module muxgate(a,b,out,outbar,sel);∥这是一个 2 选 1 数据选择器,名
                                    为 muxgate

   input a,b,sel;   ∥定义输入端口为 a、b 和 sel

   output out,outbar;   ∥定义输出端口为 out 和 outbar

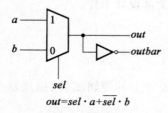

$out = sel \cdot a + \overline{sel} \cdot b$

图 4-18 2 选 1 数据选择器

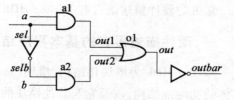

图 4-19 2 选 1 数据选择器的电路原理图

```
    wire  out1, out2, selb;          //定义内部的 3 个连接点 out1、
                                       out2、selb
        and a1(out1,a,sel);          //调用一个与门 a1
        not i1(selb,sel);            //调用一个反相器 i1
        and a2(out2,b,selb);         //调用一个与门 a2
        or o1(out,out1,out2);        //调用一个或门 o1
        assign outbar = ~out;        //将 out 取反后赋值给 outbar
    endmodule                        //模块描述结束
```

第四节　硬件描述语言的语法

一、数据类型及变量、常量

1. 逻辑值和常量

(1)逻辑值:

逻辑值	含义
0	逻辑 0
1	逻辑 1
×	逻辑值未知
z	高阻抗

(2)整数的表达:

<位宽>'<进制><数字>　　完整的表达形式。例如:4'b0101 或 4'h5

<进制><数字>　　　　　默认位宽,则位宽由机器系统决定,至少 32 位。
　　　　　　　　　　　例如:h05

<数字>　　　　　　　　默认进制为十进制,默认位宽为 32 位。例如:5

位宽指对应二进制数的宽度。例如 4'h5 就是 4'b0101。

(3)浮点数的表达:使用十进制或科学计数法。

(4)字符串的表达:

Message = "u are welcome"　　//将字符串"u are welcome"赋给变量 Message

2. 线网型变量 wire

将 wire 直接理解为连线。

wire 主要起信号间连接作用,用以构成信号的传递或者形成组合逻辑。其定义格式为

wire[n-1,0]变量名；   //定义一个 n 位的 wire 型变量

wire[n-1,0]变量名 1,变量名 2,…,变量名 m；

                  //定义 m 个 n 位的 wire 型变量

3. 寄存器类型 reg

reg 型数据常用来表示时序控制 always 块内的指定信号,代表触发器。

reg 型信号的定义格式为

reg[n-1:0]变量名；   //定义一个 n 位的寄存器变量

reg[n-1:0]变量名 1,变量名 1,变量名 2,…,变量名 m；

                  //定义 m 个 n 位的寄存器变量

例如:reg[7:0]a,b,c;   //a,b,c 都是位宽为 8 位的寄存器

      reg d；   //1 位的寄存器 d

4. 符号常量

用关键词 parameter 来定义一个标识符,代表一个常量。

例如:parameter width=3;   //符号常量 width 的值是 3

5. 存储器型变量

存储器型变量实际上是一个寄存器数组。格式为

reg[msb:lsb]memory1[upper1:lower1]

    //从高到低或从低到高均可,msb 为最高有效位,lsb 为最低有效位

例如:reg[3:0]mymem1[63:0]   //mymem1 为 64 个 4 位寄存器的数组

      reg dog[1:5]   //dog 为 5 个 1 位寄存器的数组,即

                        dog[1]~dog[5]

二、运算符

1. 算术运算符

    +   加

    -        减

    *   乘

    /   除

    %   取模(取余数)

2. 逻辑运算符

    &&(双目)   逻辑与

    ‖(双目)   逻辑或

    !(单目)   逻辑非

3. 按位运算符

使用按位运算符完成基本的与、或、非、异或及同或逻辑运算。

~	按位取反
&	按位与
|	按位或
^	按位异或
^~ , ~^	按位同或

例如：c = ~(a&b) //实现与非

4. 关系运算符

关系运算符一般用于条件判断语句。

<	小于
<=	小于或等于
>	大于
>=	大于或等于

关系运算结果为 1 位的逻辑值 1(真)或 0(假)，但也可能是×(未知)。

5. 等式运算符

等式运算符一般用于条件判断语句。

= =	等于
! =	不等于
= = =	全等
! = =	不全等

6. 缩减运算符

对变量的每一位逐步运算,最后的运算结果是 1 位的二进制数。

&	与
~&	与非
|	或
~|	或非
^	异或
^~ , ~^	同或

例如:有 4 位变量 b,c = &b 的含义是 c = ((b[0]& b[1])& b[2])& b[3]。

7. 移位运算符

>>　　　右移

<<　　　左移

例如：a>>n；　∥a 代表要进行向右移位的操作数，n 代表要移几位。

用 0 填补移出的空位。

8. 条件运算符和拼接运算符

（1）条件运算符：格式为

assign wire 类型变量＝条件"？"表达式 1：表达式 2；

例如：assign out1＝sel?in1:in0；　∥当 sel 为 1 时，out1＝in1；当 sel 为 0 时，out1
＝in0。

（2）拼接运算符：使用位拼接运算符可以将变量任意组合后输出或送给另
一个变量，格式为

{信号 1 的某几位，信号 2 的某几位，…，信号 n 的某几位}

9. 运算符的优先级

优先级由高到低如下。可以利用括号控制运算的优先级。

逻辑、位运算符　　　　　！　　～

算术运算符　　　　　　＊　／　％

　　　　　　　　　　　＋　－

移位运算符　　　　　　<<　>>

关系运算符　　　　　　<　<=　>　>=

等式运算符　　　　　　==　!=　===　!==

缩减、位运算符　　　　　&　～&

　　　　　　　　　　　^　^～

　　　　　　　　　　　|　～|

逻辑运算符　　　　　　&&

　　　　　　　　　　　‖

条件运算符　　　　　　？

三、语句

1. 赋值语句、结构说明语句

（1）连续赋值语句 assign：用于对 wire 型变量赋值，是描述组合逻辑最常用的
方法之一。

例如：assign c＝a&b；

（2）过程赋值语句"="和"<="：在过程块中使用过程赋值语句对 reg 型变量赋值。

（3）过程说明语句 always：always 块包含一个或一个以上的语句（如过程赋值语句、条件语句和循环语句等），在运行的全过程中，在时钟控制下被反复执行。

always 块中被赋值的只能是寄存器型变量 reg，格式为

always @（敏感信号表达式）

例如：always @（clk）　　　　//只要 clk 发生变化就触发

　　　always @（posedge clk）　//clk 上升沿触发

　　　always @（negedge clk）　//clk 下降沿触发

　　　always @（negedge clk1 or posedge clk2）

　　　　　　　　　　　　// clk1 下降沿触发,clk2 上升沿也触发

（4）结构说明语句 initial：用于对寄存器型变量赋予初值。

2. 条件语句

用于 always 或 initial 过程块内部。

（1）if-then 语句：格式为

- if（表达式）

　　语句 1；

- if（表达式）

　　语句 1；

　else

　　语句 2；

- if（表达式 1）

　　语句 1；

　else if（表达式 2）　语句 2；

　else if（表达式 3）　语句 3；

　　　⋮

　else if（表达式 n）　语句 n；

如果语句由多条组成，则必须包含在 begin 和 end 之间。

（2）case 语句：case 语句是一种多分支选择语句，其格式为

case（表达式）　〈case 分支项〉　endcase

3. 循环语句

循环语句多用于在仿真代码中生成仿真激励信号。

（1）forever 语句：连续执行的语句，格式为

forever begin 语句块 end

（2）repeat 语句：连续执行多次的语句，格式为

repeat（表达式） begin 语句块 end

（3）while 语句：执行语句，直到某个条件不满足，格式为

while（表达式） begin 语句块 end

（4）for 语句：格式为

for（表达式 1；表达式 2；表达式 3）

例如：for（循环变量赋初值；循环执行条件；循环变量增值）

应尽量少用或者不用 for 循环。

第五节　用 Verilog HDL 描述逻辑电路

一、用 Verilog HDL 描述组合逻辑电路

例 1　用 Verilog HDL 的结构描述方式，对图 4-20 所示 4 位加法器进行描述。

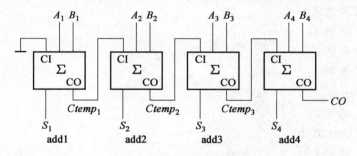

图 4-20　4 位加法器

//对 4 位串行进位加法器的顶层结构的描述

```
module Four_bit fulladd（A，B，CI，S，CO）；
                            //4 位全加器模块名称和端口名
        parameter size=4；      //定义参数
        input［size，1］A，B；
        output［size，1］S；
        input CI；
        output CO；
        wire［1：size-1］Ctemp；  //定义模块内部的连线
```

onebit_fulladd   ∥调用 1 位全加器

    add1(A[1],B[1],CI,S[1],Ctemp[1]);

                ∥实例化,调用 1 位全加器

    add2(A[2],B[2],Ctemp[1],S[2],Ctemp[2]);

                ∥实例化,调用 1 位全加器

    add3(A[3],B[3],Ctemp[2],S[3],Ctemp[3]);

                ∥实例化,调用 1 位全加器

    add4(A[4],B[4],Ctemp[3],S[4],CO);   ∥实例化

endmodule   ∥结束

在程序中调用了 1 位全加器 onebit_fulladd。

如图 4-21 所示的 1 位全加器的电路结构,可以用下面的程序模块进行描述:

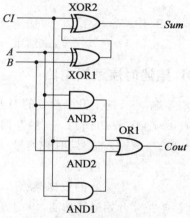

图 4-21 1 位全加器电路

∥对 1 位全加器的内部结构的描述

module onebit_fulladd(A,B,CI,Sum,Cout);   ∥1 位全加器模块名称和端口名

    input A,B,CI;

    output Sum,Cout;

    wire Sum_temp,C_1,C_2,C_3;   ∥定义模块内部的连接线

    xor

    XOR1(Sum_temp,A,B);

    XOR2(Sum,Sum_temp,CI);   ∥2 次调用异或门

    and   ∥调用 3 个与门

    AND3(C_3,A,B);

```
        AND2(C_2,B,CI);
        AND1(C_1,A,CI);
        or
        OR1(Cout,C_1,C_2,C_3);              //调用或门
    endmodule                               //结束
```

例2   用 Verilog HDL 的行为描述方式,对 4 位全加器进行描述。

```
module Four_bit_fulladd(A,B,CI,S,CO);      //4 位全加器模块名称和端口名
    parameter size=4;                       //定义参数
    input [size:1]A,B;                      //定义加数和被加数的位数为 4
    output [size:1]S;                       //定义和的位数为 4
    input CI;
    output CO;
    assign {CO,S}=A+B+CI;                   //加运算后的结果
endmodule                                   //结束
```

二、用 Verilog HDL 描述时序逻辑电路

例3   描述具有同步清零端 reset 的上升沿触发的 D 触发器 dff_sync_reset。

```
module dff_sync_reset(data,clk,reset,q);   //触发器的外部封装
    input data,clk,reset;       //输入信号,时钟信号,同步清零信号
    output q;                   //输出信号 q
    reg q;                      //定义 q 的数据类型
always@(posedge clk)            //开始描述功能,clk 上升沿到达时,完成下面语句
    if(~reset) begin            //判断 reset 是否为 0
        q<=1'b0;                //如果为 0,q 置 0
    end else begin              //若 reset 不为 0,执行下面语句
        q<=data;                //在触发信号触发后且不清零时,将数据写入 q
    end
endmodule
```

例4   描述具有异步清零端的上升沿触发的 T 触发器。

```
module tff_aync_reset(t,clk,reset,q);      //触发器的外部封装
    input t,clk,reset;          //输入信号,时钟信号,清零信号
    output q;                   //触发器输出信号 q
    reg q;                      //定义 q 的数据类型
```

```
    always@（posedge clk or negedge reset）    //开始描述功能,clk 上升沿或 reset
                                                下降沿到达后,完成以下语句
        if(~reset)begin                        //判断 reset 是否为 0
            q<=1'b0;                            //如果 reset 为 0,则将 q 置 0
        end else if(t)begin                    //否则实现 T 触发器的功能
            q<=!q;                             //T=1,则 q* =q'
        end
endmodule
```

例 5　用 Verilog HDL 设计一个带有进位输出的十三进制计数器。

```
module counter13(clk,q,c);
    input clk;
    output reg [3:0]q;
    output reg c;
//以下是时序逻辑部分
always@（posedge clk）
    if(q==12)
        q<=0;
    else
        q<=q+1;
    end
//以下是组合逻辑部分
always@（q）begin
    if(q==12)
        c<=1;
    else
        c<=0;
    end
endmodule
```

第五章　电子仿真软件 Multisim 及其在数字电子技术中的应用

NI Multisim 是美国国家仪器(NI)有限公司推出的以 Windows 系统为基础的仿真工具,适用于板级的模拟/数字电路板的设计工作。它包含了电路原理图的图形输入方式和电路硬件描述语言输入方式,具有丰富的仿真分析能力。

第一节　软件发展过程

20 世纪 80 年代,加拿大交互图像技术公司(Interactive Image Technologies, IIT)推出了以 Windows 系统为基础的仿真工具 EWB(Electronics Workbench)。EWB 适用于板级的模拟/数字电路板的设计工作,以界面形象直观、操作方便、分析功能强大、易学易用而得到迅速推广,IIT 先后推出 EWB 4.0、EWB 5.0 版本。

从 EWB 6.0 版本开始,IIT 对 EWB 进行了较大改动,名称改为 Multisim(多功能仿真软件),也就是 Multisim 2001,它允许用户自定义元器件属性,可以把一个子电路当作一个元器件使用。

2003 年,Multisim 7.0 面世,增加了 3D 元器件以及安捷伦的万用表、示波器和函数信号发生器等仿实物的虚拟仪表,使得虚拟电子实物平台更加接近实际的实验平台。

2004 年,Multisim 8.0 面世,它在功能和操作方法上既继承了之前的优点,又有了较大改进,极大地扩充了元器件函数库,增强了仿真电路的实用性;增加了功率表、失真仪、光谱分析仪、网络分析仪等测试仪表,扩充电路的测试功能并支持 VHDL 和 Verilog HDL 的电路仿真和设计。

2005 年,IIT 被美国 NI 公司收购,推出 Multisim 9.0。该版本与之前的版本有本质的区别,不仅拥有大容量的元器件库、强大的仿真分析能力、多种常用的虚拟仪器仪表,还与虚拟仪器软件完美结合,提高了模拟与测试能力。Multisim 9.0 继承了 LabVIEW 8 图形开发环境软件和 SignalExpress 交互测量软件的功能。该系列组件包括 Ultiboard 9 和 Ultiroute 9。

2007 年,NI Multisim 10.0 面世,名称在原来的基础上添加 NI,不只在电子仿真性能方面有诸多提高,在 LabVIEW 技术应用、MultiMCU 单片机中的仿真应用、MultiVHDL 在 FPGA 和 CPLD 中的仿真应用、MultiVerilog 在 FPGA 和 CPLD 中的仿真应用、Commsim 在通信系统中的仿真应用等方面的功能同样强大。

2010 年,NI Multisim 11.0 面世,包括 NI Multisim 和 NI Ultiboard 产品。新版本引入全新设计的原理图网表系统,改进了虚拟接口,以创建更明确的原理图;通过更快地操作大型原理图,缩短了文件的加载时间,并且节省打开用户界面的时间,有助于操作者更快地完成工作;NI Multisim 捕捉和 Ultiboard 布局之间的设计同步化比以前更好,在为设计更改提供最佳透明度的同时,可以对更多属性进行注释。

2012 年,NI Multisim 12.0 面世。NI Multisim 12.0 与 LabVIEW 进行了前所未有的紧密集成,可实现模拟和数字系统的闭环仿真,使工程师可以在结束桌面仿真阶段之前验证模拟电路(例如用于功率应用)可编程门阵列(FPGA)数字控制逻辑。NI Multisim 专业版为满足布局布线和快速原型需求进行了优化,使其能够与 NI 硬件无障碍集成。

2013 年,NI Multisim 13.0 面世,它提供了针对模拟电子、数字电子及电力电子的全面电路分析工具。它的图形化互动环境可帮助教师巩固学生对电路理论的理解,将课堂学习与动手实验有效地衔接起来。NI Multisim 的这些高级分析功能也同样应用于各行各业,帮助工程师通过混合模式仿真探索设计决策,优化电路行为。

2015 年,NI Multisim 14.0 面世,进一步增强了仿真技术,可帮助教学、科研和设计人员分析模拟数字和电力电子场景。新增的功能包括全新的仿真分析、新嵌入式硬件的集成以及通过用户可定义的模板简化设计。

第二节　软件安装步骤

下面对 NI Multisim 14.0 在 Windows 7 操作系统中的安装过程进行详细介绍。

(1)鼠标右击软件压缩包,选择"解压到 Multisim14.0",如图 5-1 所示。

(2)打开"Multisim14.0"文件夹,鼠标右击"NI_Circuit_Design_Suite_14_0",选择"以管理员身份运行",如图 5-2 所示。

(3)在图 5-3 所示界面,点击"确定"。

(4)选择文件的解压路径,默认解压至 C：\National Instruments Downloads\NI

图 5-1 选择"解压到 Multisim14.0"

图 5-2 选择"以管理员身份运行"

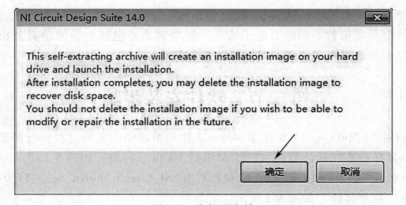

图 5-3 自解压存档

Circuit Design Suite\14. 0. 0(也可自行更改解压路径,安装完成后删掉即可),然后点击"Unzip",如图 5-4 所示。

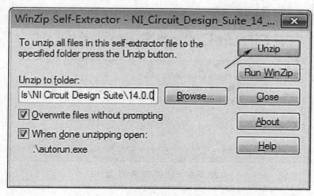

图 5-4　选择文件的解压路径

(5)解压完成,如图 5-5 所示,点击"确定",弹出如图 5-6 所示软件安装界面。

图 5-5　解压完成界面

(6)如图 5-6 所示,点击"Install NI Circuit Design Suite 14. 0",开始软件安装。

(7)选择"Install this product for evaluation",然后点击"Next"(或者选择"Install this product using the following serial number",这需要有序列号),如图 5-7 所示。

(8)选择安装目录,默认安装在 C:\Program Files\National Instruments(建议安装在除 C 盘以外的磁盘上,可以直接将 C 改成 D,安装到 D 盘),然后点击"Next",如图 5-8 所示。

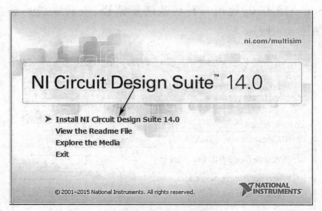

图 5-6 软件安装界面

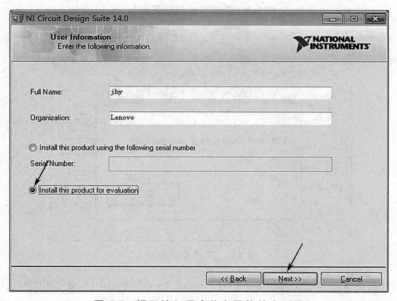

图 5-7 提示输入用户信息及软件序列号

(9)在图 5-9 中,选择需要安装的组件,点击"Next"。

(10)如图 5-10 所示,将"Search for important messages and …"前面复选框的钩去掉,然后点击"Next"。

(11)选择"I accept the above 2 License Agreement(s)",然后点击"Next",如图 5-11 所示。

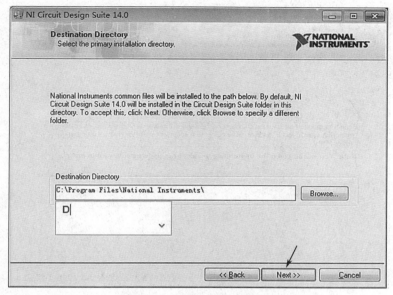

图 5-8　设置软件安装路径

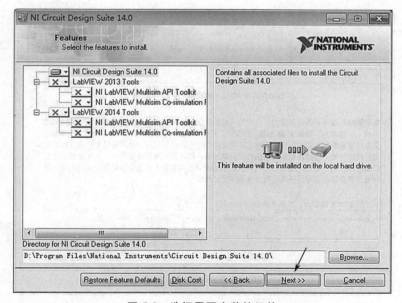

图 5-9　选择需要安装的组件

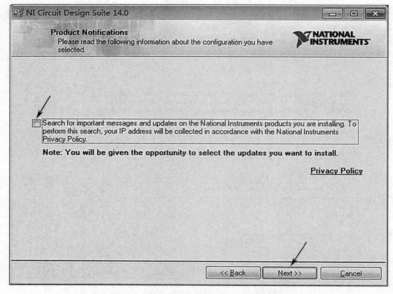

图 5-10　去掉复选框的钩(不选择更新)

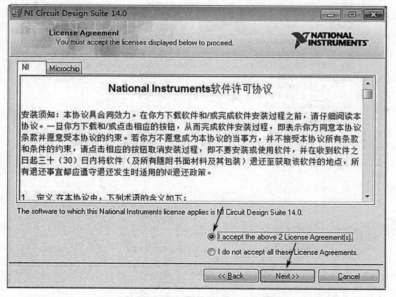

图 5-11　接受 NI 软件许可协议

（12）图 5-12 为对用户所选择的安装资源进行提示，点击"Next"。

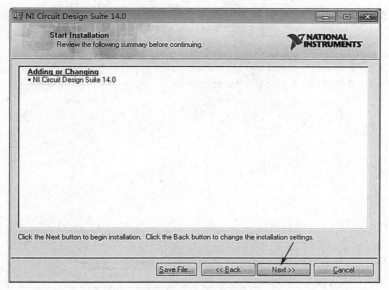

图 5-12　安装摘要

（13）软件安装大约需要 10 min，界面如图 5-13 所示。

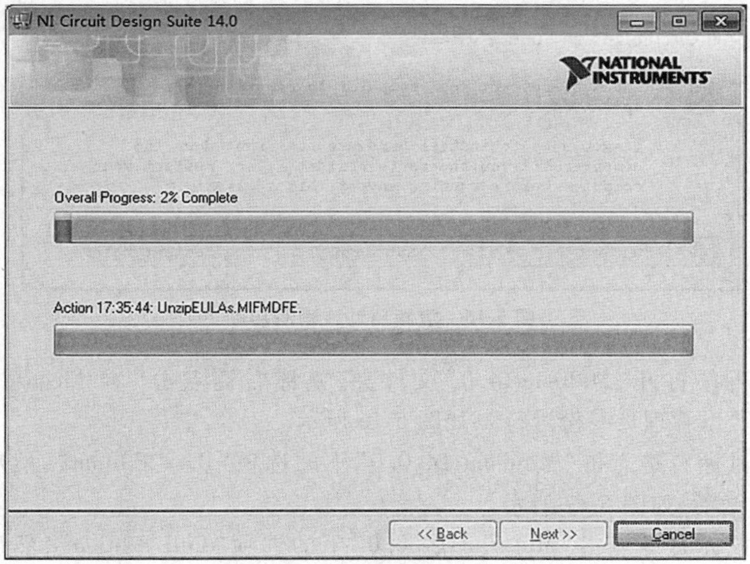

图 5-13　软件安装进度显示界面

（14）安装完成，出现如图5-14所示对话框，点击"Next"。

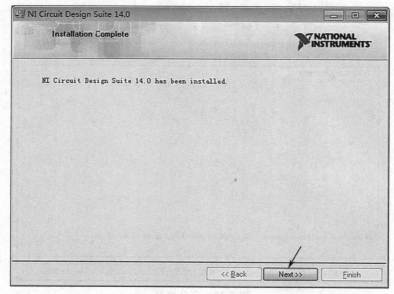

图 5-14 安装完成界面

（15）在图5-15所示对话框中，点击"Restart Later"，表示稍后重启。

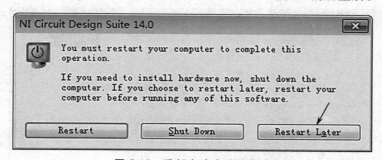

图 5-15 重新启动或稍后启动

（16）再次打开"Multisim14.0"文件夹，鼠标右键点击"NI License Activator 1.2"，选择"以管理员身份运行"，如图5-16所示。

（17）鼠标右键点击"Multisim 14.0.0"下的选项"Base Edition"，然后再点击"Activate"激活，如图5-17所示。

（18）鼠标右键点击"Multisim 14.0.0"下的选项"Full Edition"，然后再点击"Activate"激活，如图5-18所示。

图 5-16　选择 NI 许可证激活器

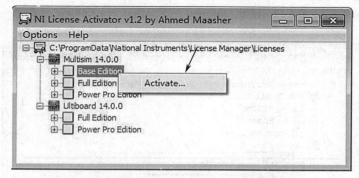

图 5-17　激活 Multisim 下的"Base Edition"

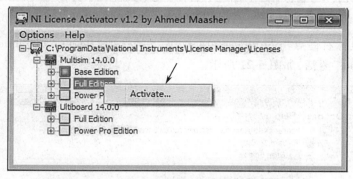

图 5-18　激活 Multisim 下的"Full Edition"

（19）鼠标右键点击"Multisim 14. 0. 0"下的选项"Power Pro Edition"，然后再点击"Activate"激活，如图 5-19 所示。

（20）鼠标右键点击"Ultiboard 14. 0. 0"下的选项"Full Edition"，然后再点击"Activate"激活，如图 5-20 所示。

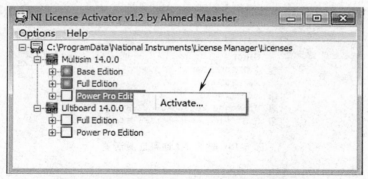

图 5-19 激活 Multisim 下的"Power Pro Edition"

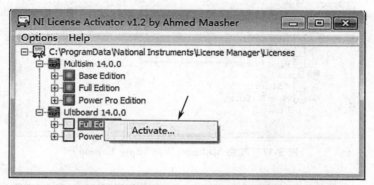

图 5-20 激活 Ultiboard 下的"Full Edition"

（21）鼠标右键点击"Ultiboard 14.0.0"下的选项"Power Pro Edition"，然后再点击"Activate"激活，如图 5-21 所示。

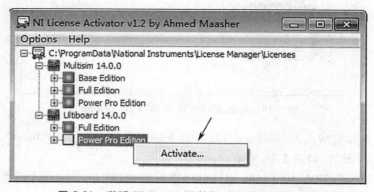

图 5-21 激活 Ultiboard 下的"Power Pro Edition"

（22）5 个框由灰变绿即为全部激活，如图 5-22 所示。点击关闭窗口。

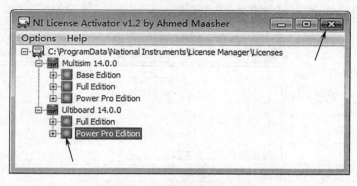

图 5-22　全部激活后的页面显示

（23）点击计算机左下角（开始）菜单栏，进入所有程序，鼠标左键单击"NI Multisim 14.0"打开软件，如图 5-23 所示。

图 5-23　打开应用软件

（24）安装完成后的软件主界面如图 5-24 所示（默认为英文版），如需汉化请继续按照下面步骤操作。

（25）再次打开"Multisim14.0"文件夹，找到汉化包"Chinese-simplified"文件夹，将"Chinese-simplified"文件夹复制粘贴到路径 D:\Program Files（x86）\National Instruments\Circuit Design Suite 14.0\stringfiles 下，其中"D"是之前安装软件的磁盘号，如图 5-25 所示。

（26）安装汉化完成，汉化后软件主界面如图 5-26 所示。

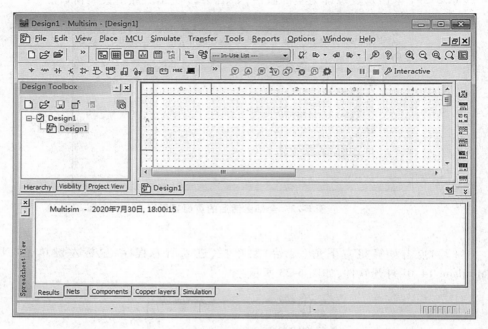

图 5-24　软件主界面(英文版)

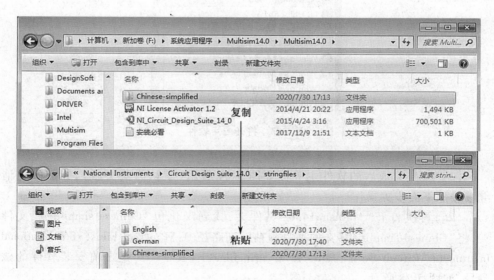

图 5-25　将"Chinese-simplified"文件夹复制粘贴到安装路径

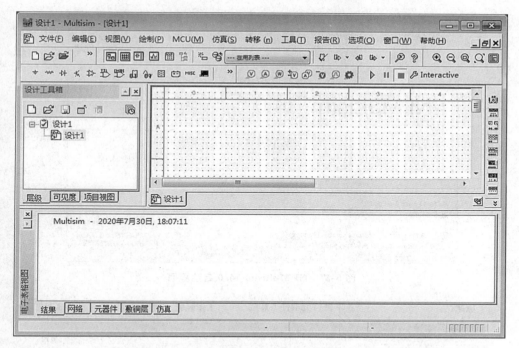

图 5-26 软件主界面(中文版)

第三节 NI Multisim 14.0 编辑环境

NI Multisim 的用户界面友好,电路设计者可以方便、快捷地使用虚拟元器件和仪器、仪表。在该环境中可以精确地进行电路分析,深入理解电子电路的原理,同时还可以大胆地设计电路,而不必担心损坏实验设备。

一、NI Multisim 14.0 的主窗口

启动 NI Multisim 14.0,打开图 5-27 所示的启动界面,完成初始化后,便可进入主窗口,如图 5-28 所示。

主窗口主要包括标题栏、菜单栏、工具栏、工作区域、电子表格视图(信息窗口)、状态栏及项目管理器 7 个部分。

• 标题栏:显示当前打开软件的名称,以及当前文件的路径、名称。

• 菜单栏:同所有的标准 Windows 应用软件一样,NI Multisim 采用的是标准的下拉式菜单。

图 5-27　NI Multisim 14.0 启动界面

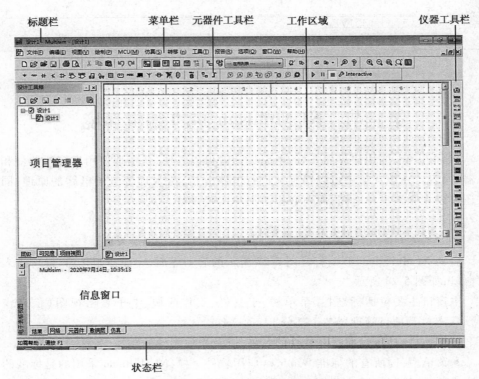

图 5-28　NI Multisim 14.0 的主窗口

● 工具栏：工具栏分元器件工具栏和仪器工具栏，收集了一些比较常用的功能按钮，图形化显示，方便用户操作使用。

● 工作区域：用于原理图绘制、编辑的区域。

● 项目管理器：在工作区域左侧显示的窗口统称为"项目管理器"，此窗口中只显示"设计工具箱"，可以根据需要打开和关闭，显示工程项目的层次结构。

● 电子表格视图：在工作区域下方显示的窗口，也称为"信息窗口"。在该窗口中可以实时显示文件运行阶段信息。

● 状态栏：在进行各种操作时状态栏都会实时显示一些相关的信息，所以在设计过程中应及时查看状态栏。

二、菜单栏

下面对菜单栏进行详细的介绍。

菜单栏位于界面的上方，在设计过程中，对原理图的各种编辑操作都可以通过菜单栏中的相应命令来完成。菜单栏包括文件（F）、编辑（E）、视图（V）、绘制（P）、MCU（M）、仿真（S）、转移（n）、工具（T）、报告（R）、选项（O）、窗口（W）和帮助（H）12 个菜单。

1. 文件

该菜单提供了文件的打开、新建（设计）、保存等操作命令，如图 5-29 所示。

2. 编辑

该菜单在电路绘制过程中提供对电路和元器件进行剪切、粘贴、旋转等操作命令，如图 5-30 所示。

3. 视图

该菜单用于控制仿真界面上显示的内容，如图 5-31 所示。

4. 绘制

该菜单提供了在工作区域内放置元器件、连接器、总线和文字等命令，如图 5-32 所示。

5. MCU（微控制器）

该菜单提供了在工作区域内进行 MCU 调试操作的命令，如图 5-33 所示。

图 5-29 【文件】菜单

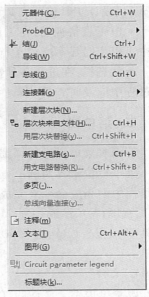

图 5-30　【编辑】菜单　　　　图 5-31　【视图】菜单　　　　图 5-32　【绘制】菜单

6. 仿真

该菜单提供 18 个电路仿真设置与操作命令,如图 5-34 所示。

7. 转移

该菜单提供 6 个传输命令,如图 5-35 所示。

8. 工具

该菜单提供 18 个元器件和电路编辑或管理命令,如图 5-36 所示。

9. 报告

该菜单提供材料单等 6 个报告命令,如图 5-37 所示。

10. 选项

该菜单提供电路界面和电路某些功能的设定命令,如图 5-38 所示。

11. 窗口

该菜单用于对窗口进行纵向、横向、层叠排列及打开、关闭等操作,如图 5-39 所示。

图 5-33 【MCU】菜单

图 5-34 【仿真】菜单

图 5-35 【转移】菜单

图 5-36 【工具】菜单

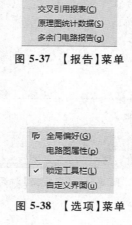

图 5-37 【报告】菜单

图 5-38 【选项】菜单

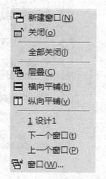

图 5-39 【窗口】菜单

12. 帮助

该菜单用于打开各种帮助信息,如图 5-40 所示。

图 5-40 【帮助】菜单

三、工具栏

选择菜单栏中的【选项】→【自定义界面】,系统弹出图 5-41 所示的【自定义】对话框,打开【工具栏】选项卡,对工具栏中的功能按钮进行设置,用户可创建自己的个性工具栏。

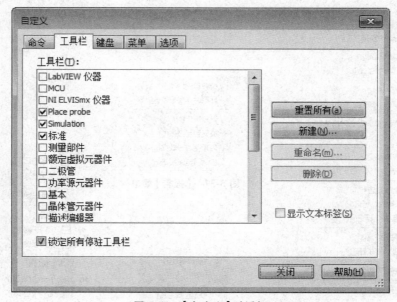

图 5-41 【自定义】对话框

第四节　电路设计总体流程

电路原理图的绘制是 Multisim 电路仿真的基础,其基本设计流程如图 5-42 所示。

图 5-42　电路原理图基本设计流程

（1）创建电路文件:运行 NI Multisim 14.0,它会自动创建一个默认标题的新电路文件,该电路文件可以在保存时重新命名。

（2）规划电路界面:进入 NI Multisim 14.0 后,需要根据具体电路的组成来规划电路界面,如图纸的大小及摆放方向、电路颜色、元器件符号标准、栅格等。

（3）放置元器件:NI Multisim 14.0 不仅提供了数量众多的元器件符号图形,而且还设计了元器件的模型,并分门别类地存储在各个元器件库中。放置元器件就是将电路中所用的元器件从元器件库中放置到工作区域,并对元器件的位置进行调整、修改,对元器件的编号、封装进行定义等。

（4）连接线路和放置节点:NI Multisim 14.0 具有非常方便的连线功能,有手动和自动两种连线方式,利用其连接电路中的元器件,可构成一个完整的电路图。连线的 T 字交叉点处,NI Multisim 14.0 会自动放置节点,而十字交叉点处需手动放置。

（5）连接仪器仪表:电路图连接好后,根据需要将仪表从仪表库中接入电路,以供实验分析使用。

（6）运行仿真并检查错误:电路图绘制好后,运行仿真程序,观察仿真结果。如果电路存在问题,需要对电路的参数和设置进行检查和修改。

（7）仿真结果分析:通过测试仪器得到的仿真结果对电路原理进行验证,观察结果和设计目的是否一致。如果不一致,则需要对电路进行修改。

（8）保存电路文件:保存原理图文件,打印输出原理图及各种辅助文件。

第五节　电路图绘制

在绘制电路原理图的过程中,首先要在图纸上放置需要的元器件符号。一般常用的元器件符号都可以在 NI Multisim 14.0 的元器件库中找到,用户只需要在元器件库中查找所需的元器件符号,并将其放置到图纸上适当的位置即可。

一、元器件工具栏

NI Multisim 14.0 提供了丰富的元器件库,其元器件工具栏中图标如图 5-43 所示。

图 5-43 元器件工具栏

元器件工具栏包含电源库、基本元器件库、二极管库、晶体管库、模拟元器件库、TTL 元器件库、CMOS 元器件库、其他数字元器件库、混合元器件库、指示器元器件库、功率元器件库、其他元器件库等。

用鼠标左键单击元器件工具栏的任意一个图标即可打开该元器件库。下面着重介绍在数字电子技术中经常用到的一些元器件库。

1. 电源库

单击元器件工具栏中的【放置源】按钮,可打开电源库,库中包括电源、电压信号源、电流信号源、受控电压源、受控电流源、控制功能模块、数字控制模块等。其中"电源"中包括常用的交直流电源、数字地、地线、星形或三角形连接的三相电源,以及 VCC、VDD、VEE、VSS 电压源等。

2. 基本元器件库

单击元器件工具栏中的【放置基本】按钮,可打开基本元器件库,库中包括基本虚拟器件、定额虚拟器件、电阻、排阻、电位器、电容、电解电容、可变电容、电感、可变电感、开关、变压器、非线性变压器、复数负载、继电器、连接器、插座/管座等。

3. TTL 元器件库

TTL 元器件库含有 74 系列的 TTL 数字集成逻辑器件。单击元器件工具栏中的【放置 TTL】按钮,即出现 TTL 元器件库,如图 5-44 所示。

4. CMOS 元器件库

CMOS 元器件库含有 74HC 系列和 4 系列的 CMOS 数字集成逻辑器件。单击元器件工具栏中的【放置 CMOS】按钮,即出现 CMOS 元器件库,如图 5-45 所示。

5. 混合元器件库

混合元器件库包含定时器(555 定时器)、虚拟混合器件、模数-数模转换器件、模拟开关等。

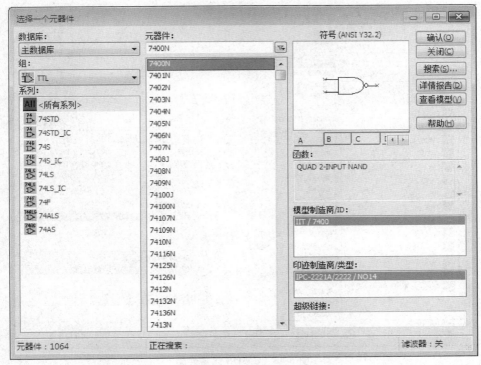

图 5-44　TTL 元器件库

6. 指示器元器件库

指示器元器件库包含用来显示仿真结果的器件,如电压表、电流表、探测器、蜂鸣器、灯泡、虚拟灯、十六进制显示器、条柱显示器等。

二、放置元器件

绘制原理图的主要操作就是将元器件符号放置在原理图图纸上,然后用线将元器件符号中的引脚连接起来,建立正确的电气连接。

①打开【选择一个元器件】对话框,选择所需要放置元件所属的库文件。

②选中所需要放置的元器件,该元器件将以高亮显示,此时可以放置该元器件的符号(图 5-46)。

③选中元器件后,在对话框中将显示元器件符号和元器件模型的预览。确定该元器件是所需要放置的元器件后,单击【确认】按钮或双击该元器件,光标将变成十字形状并附带着元器件的符号出现在工作区域窗口中。

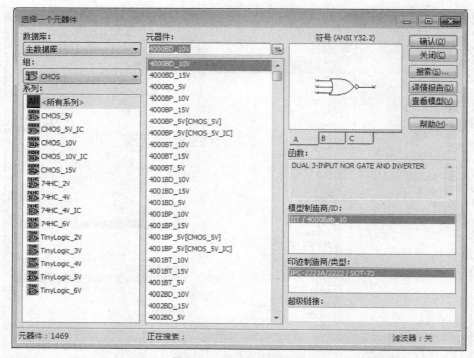

图 5-45　CMOS 元器件库

④移动光标到合适的位置后单击,元器件将被放置在光标停留的位置。此时,元器件放置完成。

三、调整元器件位置

元器件位置的调整实际上就是利用各种命令,将元器件移动到图纸上指定的位置,并将元器件旋转为指定的方向。

元器件的移动:用鼠标将光标指向需要移动的元器件,按住鼠标左键不放,拖动元器件到指定位置后释放鼠标左键,元器件即被移动到当前光标的位置。

元器件的旋转:可使用 2 种方式:①使用系统提供的菜单命令,选择菜单栏中的【编辑】→【方向】命令。②单击鼠标右键弹出快捷菜单,同样包括垂直翻转、水平翻转、顺时针旋转 90°、逆时针旋转 90°等命令。

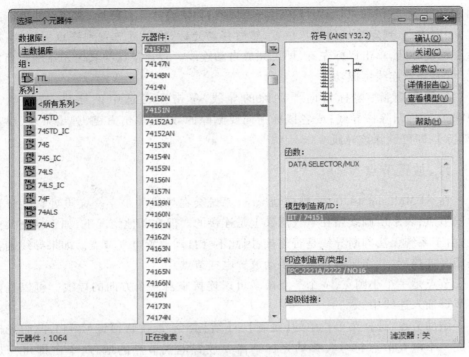

图 5-46　选择一个元器件

四、删除元器件

可用以下 3 种方法删除指定的元器件：

①鼠标单击要删除的元器件，选菜单栏【编辑】→【删除】选项，可删除该元器件。

②鼠标指向需要删除的元器件，单击右键，弹出菜单，鼠标指向【删除】，单击左键，可删除该元器件。

③鼠标单击要删除的元器件，按键盘上"Delete"键，可删除该元器件。

五、放置导线及删除导线

元器件之间电气连接的主要方式是导线连接。导线是电路原理图中最重要、用得最多的图元，具有电气连接的意义。导线不同于一般的绘图工具，绘图工具没有电气连接的意义。

导线的放置：将光标指向要连接的元器件的引脚上，鼠标指针自动变为实心圆,单击左键并移动光标,即可拉出一条虚线;如果要从某点转折,则在该处单击左键,固定该点,规定导线的拐弯位置;然后移动光标,将鼠标放置到终点引脚处,显示红色实心圆,单击鼠标左键,即可完成自动连线。若连接点与其他元器件距离太近,可能导致连线不成功。

导线的删除:鼠标指向要删除的导线,单击左键选中该导线,按键盘上"Delete"键,删除该导线;或者鼠标指向要删除的导线,单击右键,弹出菜单,单击【删除】,即可删除该导线。

六、放置节点

在 NI Multisim 14.0 中,默认情况下,系统会在导线的 T 字交叉点处自动放置电气节点,表示所画线路在电气意义上是连接的。但在其他情况下,如十字交叉点处,由于系统无法判断导线是否连接,因此不会自动放置电气节点。如果导线确实是相互连接的,就需要用户自己手动放置电气节点。

节点是一个小圆点,一个节点最多可以连接来自 4 个方向的导线。可以直接将节点插入连线中。

添加节点:选择菜单栏中的【绘制】→【结】命令,或按快捷键 Ctrl+J,此时光标变成一个电气节点符号。移动光标到需要放置电气节点的地方,单击即可完成放置。

节点应用于相互交叉的导线中。在 T 字交叉点处,程序自动放置节点表示相连接。在十字交叉点处,程序不自动放置节点,表示不相连。若有需要,可自行进行节点添加,表示相互连接。

绘制具有电气连接点的十字交叉导线有两种方法:方法一是在交叉处放置一个节点,再绘制与该节点交叉的 4 条导线形成十字交叉线;方法二是先绘制一根导线,再绘制一根导线形成 T 字交叉,交叉处自动添加节点,最后在交叉处绘制第四根导线,形成十字交叉。

七、放置文本

在绘制电路原理图的时候,为了增强电路图的可读性,设计者可以在原理图的关键位置添加文字说明。

选择菜单栏中的【绘制】→【文本】命令,启动放置文字命令。移动光标至需要添加文字说明处,单击鼠标左键,显示矩形文字输入框,即可输入文字。

在放置状态下,弹出【文本】工具箱,可对输入的文本进行字体、文字高度、粗体和斜体、颜色等设置。

完成文字输入后,若需要修改,直接双击文字,在需要修改的文字外侧显示矩形框,弹出【文本】工具箱,可进行直接修改。

第六节 虚拟仪器

虚拟仪器存储在仪器库,显示在主窗口右侧的仪器工具栏中,是进行虚拟电子实验和电子设计仿真的快捷而又形象的特殊工具。这些虚拟仪器仪表的参数设置、使用方法和外观设计与实验室中的真实仪器基本一致。

该工具栏中的虚拟仪器有仪器按钮、仪器图标和仪器面板 3 种表示方式。在工具栏上单击仪器按钮,光标上显示浮动的仪器图标,移动光标到工作区域适当位置,单击鼠标放置该仪器图标,仪器图标用于连接线路。双击仪器图标可打开仪器面板,在该面板中可以设置仪器的参数。

仪器库有万用表、函数发生器、瓦特计、示波器、4 通道示波器、波特测试仪、频率计数器、字发生器、逻辑分析仪、频率变换器等多种虚拟仪器。下面介绍在数字电子技术中常用的一些虚拟仪器。

一、万用表

万用表是一种可以用来测量交直流电压、交直流电流、电阻及电路中两点之间的分贝损耗,可自动调整量程的数字显示的多用途仪表,图 5-47 所示为万用表的图标。

选择菜单栏中的【仿真】→【仪器】→【万用表】命令,或者单击仪器工具栏中的【万用表】按钮,光标上显示浮动的万用表虚影,在工作区域的相应位置单击鼠标,完成万用表的放置。双击该图标出现万用表控制面板,如图 5-48 所示。

图 5-47 万用表图标

图 5-48 万用表控制面板

在控制面板中,上面的黑色条形框用于测量数值的显示,下面为测量类型的选取栏。

A:测量对象为电流。

V:测量对象为电压。

Ω:测量对象为电阻。

dB:将万用表切换到分贝显示。

~:测量对象为交流。

—:测量对象为直流。

+:万用表的正极。

−:万用表的负极。

二、函数发生器

函数发生器是可提供正弦波、三角波、方波 3 种不同波形的信号的电压信号源,图 5-49 所示为函数发生器的图标。

选择菜单栏中的【仿真】→【仪器】→【函数发生器】命令,或者单击仪器工具栏中的【函数发生器】按钮,放置函数发生器图标,双击该图标,弹出函数发生器的控制面板,如图 5-50 所示。

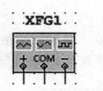

图 5-49　函数发生器图标

图 5-50　函数发生器控制面板

该对话框的各个部分的功能如下:

①"波形"选项组的 3 个按钮用于选择输出波形,分别为正弦波、三角波、方波(矩形波)。

②"信号选项"选项组用于设置参数。

频率:设置输出信号的频率。

占空比:设置输出的方波(矩形波)电压信号的占空比。

振幅：设置输出信号幅度的峰值。

偏置：指输出信号的偏置电压，即设置输出信号中直流电压成分的大小。

设置上升/下降时间：设置上升沿与下降沿的时间。此选项仅对方波（矩形波）有效。

③"+"为电压信号的正极性输出端。

④"-"为电压信号的负极性输出端。

⑤"普通"为公共接地端。

函数发生器的输出波形、工作频率、占空比、振幅和直流偏置，可通过用鼠标选择"波形"选项组按钮和在各窗口设置相应的参数来实现。

三、示波器

示波器是用来显示电信号的波形、大小、频率等参数的仪器，图 5-51 所示为示波器图标。

选择菜单栏中的【仿真】→【仪器】→【示波器】命令，或者单击仪器工具栏中的【示波器】按钮，放置图标，双击示波器图标，弹出如图 5-52 所示的示波器控制面板。

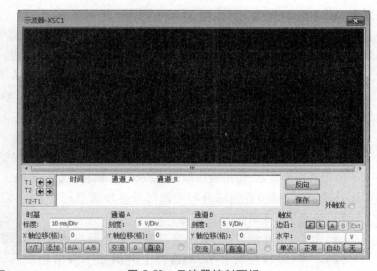

图 5-51 示波器图标　　　　　　图 5-52 示波器控制面板

示波器面板各部分的作用及参数的设置、调整与实际的示波器类似。面板上有 3 个参数设置选项组和 1 个波形显示区。

1."时基"选项组

(1)标度:示波器的时间基准,在 0.1 fs/Div ~ 1 000 Ts/Div(0.1×10⁻¹⁵ ~ 1× 10^{15} s/Div)范围内可调。

(2)X 轴位移:X 轴位移控制 X 轴的起始点。当 X 轴位移调到 0 时,信号从显示器的左边缘开始,调为正值时起始点右移,调为负值时起始点左移。X 轴位移的调节范围为 −5.00 ~ +5.00。

(3)显示方式:选择示波器 X 轴、Y 轴信号。

Y/T:X 轴显示时间,Y 轴显示电压信号。

添加:X 轴显示时间,Y 轴显示的电压信号为 A 通道和 B 通道的输入电压之和。

B/A:将 A 通道信号作为 X 轴扫描信号,B 通道信号值除以 A 通道信号值后所得信号作为 Y 轴的信号。

A/B:将 B 通道信号作为 X 轴扫描信号,A 通道信号值除以 B 通道信号值后所得信号作为 Y 轴的信号。

2."通道"选项组

(1)刻度:电压刻度可选择范围为 1 fV/Div ~ 1 000 TV/Div(1×10⁻¹⁵ ~ 1× 10^{15} V/Div),可以根据输入信号大小来选择刻度值的大小,使信号波形在示波器上方便观察。

(2)Y 轴位移:Y 轴位移控制 Y 轴的起始点。当 Y 轴位移调到 0 时,Y 轴的起始点与 X 轴起始点重合;如果将 Y 轴位移增加到 1.00,Y 轴起始点位置从 X 轴向上移一大格;若将 Y 轴位移减小到 −1.00,Y 轴起始点位置从 X 轴向下移一大格。Y 轴位移的调节范围为 −3.00 ~ +3.00。改变 A、B 通道的 Y 轴位移有助于比较或分辨两通道的波形。

(3)输入方式:输入方式即信号输入的耦合方式。

交流:滤除信号的直流部分,仅显示信号的交流部分。

0:没有信号显示,输出端接地,在设置的 Y 轴起始点位置显示一条水平直线。

直流:将信号的直流部分与交流部分叠加后进行显示。

3."触发"选项组

(1)边沿:选择触发沿,有上升沿触发和下降沿触发等方式可供选择。

(2)水平:设置触发水平,即选择上升沿或下降沿触发后,设置触发电平的大小。该选项表示只有当被显示的信号幅度超过右侧的文本框中的数值时,示波器才能进行采样显示。

(3)触发方式:有 3 种方式可选。

自动:自动触发方式,只要有输入信号就显示波形。

单次:单脉冲触发方式,满足触发电平的要求后,示波器仅仅采样一次。每击"单次"按钮一次,就采样显示一次。

正常:只要满足触发电平要求,示波器就采样显示一次。

4. 显示区

要显示波形读数的精确值时,可用鼠标将垂直光标拖到需要读取数值的位置。显示屏幕下方的方框内,显示光标与波形垂直相交点处的时间和电压值,以及两光标位置之间的时间、电压的差值。

反向:单击该按钮,可以改变显示器屏幕的背景颜色。

保存:单击该按钮,可以按 ASCII 码格式保存波形数据。

T1:游标 1 的时间位置。空白处的左侧显示游标 1 所在位置的时间值,空白处的右侧显示该时间处所对应的数据值。

T2:游标 2 的时间位置。其他同 T1。

T2-T1:显示游标 T2 与 T1 的时间差。

四、字发生器

字发生器是一个多路逻辑信号源,能产生 16 路(位)同步逻辑信号,用于对数字逻辑电路进行调试。图 5-53 所示为字发生器图标。

选择菜单栏中的【仿真】→【仪器】→【字发生器】命令,或者单击仪器工具栏中的【字发生器】按钮,放置图标,双击字发生器图标,即弹出如图 5-54 所示的参数设置对话框。该对话框包括 5 个部分。

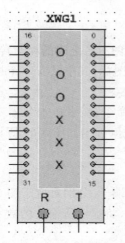

图 5-53 字发生器图标

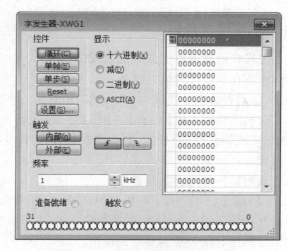

图 5-54 字发生器参数设置对话框

（1）"控件"选项组：用来设置对话框最右侧字符编辑显示区显示的字符信号的输出模式，共有 4 种输出模式：

循环：在已经设置好的初始值和终止值之间循环输出字符。

单帧：每单击一次，将从初始值开始到终止值之间的逻辑字符输出一次，即单帧模式。

单步：每单击一次，输出一条字信号，即单步模式。

Reset：重新设置，返回默认参数。

（2）"显示"选项组：用来设置对话框最右侧字符编辑显示区的字符显示格式，有十六进制、减、二进制、ASCII 4 种格式。

（3）"触发"选项组：用于设置触发方式。

内部：内部触发方式，字符信号的输出由"控件"选项组的 3 种输出模式的某一种来控制。

外部：外部触发方式，此时需要接入外部触发信号。右侧的 2 个按钮用于选择外部触发脉冲的上升沿或下降沿有效。

（4）"频率"选项组：用于设置字符信号输出时钟脉冲的频率。

（5）字符编辑显示区：对话框最右侧的区域，用来显示字符。在字符编辑显示区，32 位的字信号以 8 位十六进制数编辑和存储，可以存储 1 024 条字信号，地址编号为 0000~03FF。

字发生器被激活后，字信号按照一定的规律逐行从底部的输出端送出，同时在面板的底部对应于各输出端的小圆圈内，实时显示输出字信号各个位（bit）的值。

五、逻辑变换器

逻辑变换器能够完成真值表、逻辑表达式和逻辑电路图三者之间的相互转换。实际中不存在与此对应的设备。图 5-55 为逻辑变换器的图标，其中共有 9 个接线端，从左到右的 8 个接线端为输入端，最右边一个为输出端。

选择菜单栏中的【仿真】→【仪器】→【逻辑变换器】命令，或者单击仪器工具栏中的【逻辑变换器】按钮，放置图标，双击逻辑变换器图标，弹出如图 5-56 所示的参数设置对话框。

该对话框的主要功能如下：

（1）端子：最上方的 A、B、C、D、E、F、G、H 和出等 9 个端子，分别对应于图 5-55 中的 9 个接线端。单击 A、B、C 等端子后，在下方的显示区将显示所输入的数字逻辑信号的所有组合及其对应的输出。

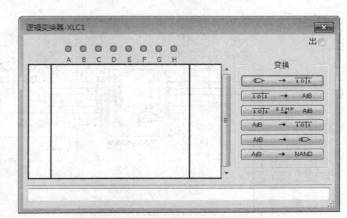

图 5-56　逻辑变换器参数设置对话框

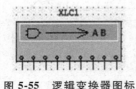

图 5-55　逻辑变换器图标

（2） → 10|1 按钮：用于将逻辑电路图转换成真值表。首先在电路窗口中建立仿真电路，然后将仿真电路的输入端与逻辑变换器的输入端、仿真电路的输出端与逻辑变换器的输出端连接起来，最后单击此按钮，即可以将逻辑电路图转换成真值表。

（3） 10|1 → AIB 按钮：用于将真值表转换成逻辑表达式。单击 A、B、C 等端子，在下方的显示区中将列出所输入的数字逻辑信号的所有组合及其所对应的输出，然后单击此按钮，即可将真值表转换成逻辑表达式。

（4） 10|1 SIMP AIB 按钮：用于将真值表转换成最简表达式。

（5） AIB → 10|1 按钮：用于将逻辑表达式转换成真值表。

（6） AIB → ⊃ 按钮：用于将逻辑表达式转换成组合逻辑电路图。

（7） AIB → NAND 按钮：用于将逻辑表达式转换成由与非门组成的组合逻辑电路图。

第七节　Multisim 在数字电子技术中的应用

例 1　测试译码器 74ALS138。

放置元件 74ALS138 及虚拟仪器"字发生器"，如图 5-57 连接电路。译码器输出接 8 个探针（指示灯），字发生器的输出接 3 个探针，分别用来显示译码器的输出和输入信号。低电平，探针不亮；高电平，探针亮。

字发生器的频率设置为 50 Hz。选择菜单栏的【仿真】→【运行】，或者按键盘上的"F5"键，开始仿真。字发生器的低 3 位轮流输出 000～111，则译码器的 8 个

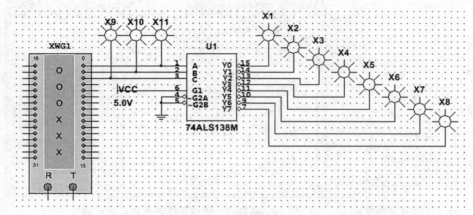

图 5-57　测试译码器 74ALS138 的电路

输出端轮流输出低电平,8 个探针每次只有一个不亮。

　　例 2　译码显示。

　　放置七段译码器 74LS47、共阳极数码管及"字发生器",按图 5-58 连接电路。

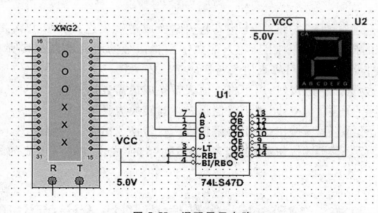

图 5-58　译码显示电路

　　字发生器的频率设置为 50 Hz。选择菜单栏的【仿真】→【运行】,或者按键盘上的"F5"键,开始仿真。结果在数码管上依次显示 0~F(对应二进制数 0000~1111)。

　　例 3　用移位寄存器组成循环彩灯控制电路,输出接 4 个灯,依次亮,再依次灭。

　　放置移位寄存器 74LS194、反相器 7404、4 个探针(指示灯)及"函数发生器",

按图 5-59 连接电路。74LS194 的 $S_1=0$，$S_0=1$，处于右移的工作状态。将 QD 经反相器接到右移输入端 SR。

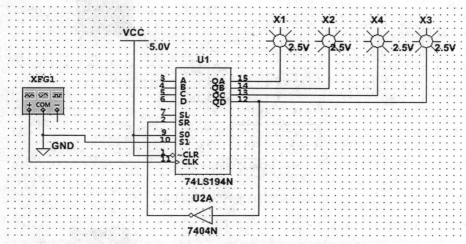

图 5-59　用移位寄存器组成循环彩灯控制电路

函数发生器的波形选方波，频率取 1 Hz。选择菜单栏的【仿真】→【运行】，或者按键盘上的"F5"键，开始仿真。每来一个时钟脉冲，右移一次。初始输出状态为 0000。在时钟脉冲的作用下，$Q_A Q_B Q_C Q_D$ 的输出状态为 0000→1000→1100→1110→1111→0111→0011→0001→0000，如此循环。

例 4　测试十进制计数器。

放置十进制计数器 74LS160、数码显示器（带译码功能）、探针（指示灯，用于指示输出进位信号）及"函数发生器"，按图 5-60 连接电路。图中 74LS160 的 $ENP = ENT = 1$，计数器处于计数的状态。

函数发生器的波形选方波，频率取 1 Hz。选择菜单栏的【仿真】→【运行】，或者按键盘上的"F5"键，开始仿真。在时钟脉冲的作用下，在数码管上循环显示 0~9。当计数到 9 时，进位信号指示灯亮；当从 9 到 0 时，进位信号指示灯灭。这表明在进位信号的下降沿时有进位。

例 5　用十进制计数器组成六进制计数器。

放置十进制计数器 74LS160、与非门 74LS00、数码显示器（带译码功能）、探针（指示灯，用于指示输出进位信号）及"函数发生器"，按图 5-61 连接电路。图中使用同步预置数的方式，将十进制计数器接成了六进制计数器。当计数输出为 5 时，与非门产生低电平，接到计数器的同步预置数端 $\overline{\text{LOAD}}$，在下一个时钟的上升沿，

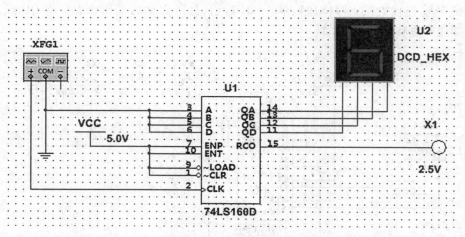

图 5-60　测试十进制计数器电路

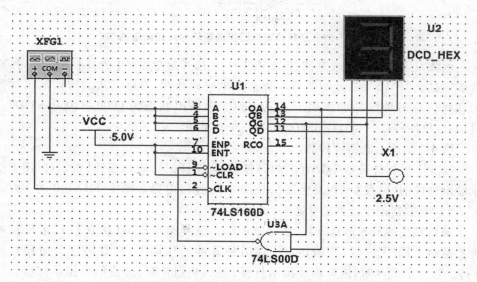

图 5-61　用十进制计数器组成六进制计数器

将输入(0000)装入计数器的输出。

　　函数发生器的波形选方波,频率取 1 Hz。选择菜单栏的【仿真】→【运行】,或者按键盘上的"F5"键,开始仿真。显示 0、1、2、3、4、5,再返回 0,重复显示。因为 RCO 端没有进位信号,所以另接了一个进位信号,接在 QC 端。当计数到 4 时,进位指示灯亮;计数到 5 时,进位指示灯仍然亮;当计数从 5 变为 0 时,进位指示灯灭。这表明在进位指示信号的下降沿时有进位。

例 6　用十进制计数器组成六十进制计数器。

放置 2 个十进制计数器 74LS160、1 个多输入端与非门 74LS20、2 个数码显示器(带译码功能)及 1 个"函数发生器",按图 5-62 连接电路。采用同步方式,即时钟脉冲同时接到 2 个计数器的时钟端。当低位(个位)计到 9 时,其 RCO 端输出 1,该端接到高位(十位)的 ENP 和 ENT 端,使得高位处于计数的状态,当下一个时钟上升沿来到时,高位计一个数,低位返回到 0。当整个电路计数到 59 时,与非门产生一个低电平,接至 2 个计数器的同步预置数端,在下一个时钟上升沿来到时,将其输入(0,0)装入计数器的输出。

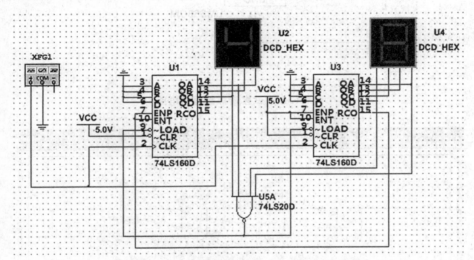

图 5-62　用十进制计数器组成六十进制计数器

函数发生器的波形选方波,频率取 1 Hz。选择菜单栏的【仿真】→【运行】,或者按键盘上的"F5"键,开始仿真。数码显示器将显示 00、01、…、59,然后返回到 00,重复显示。

例 7　测试多谐振荡器。

放置 555 定时器,电阻 R1、R2,电容 C1,以及"示波器",如图 5-63 连接电路。

选择菜单栏的【仿真】→【运行】,或者按键盘上的"F5"键,开始仿真。双击示波器图标,弹出如图 5-64 所示的示波器界面。示波器界面上显示了输出矩形波的波形和电容 C1 上的充放电波形。

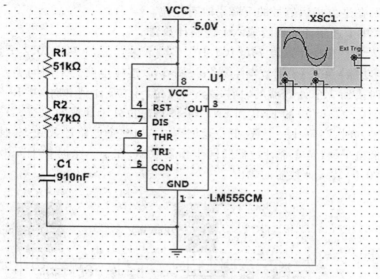

图 5-63 测试多谐振荡器的电路

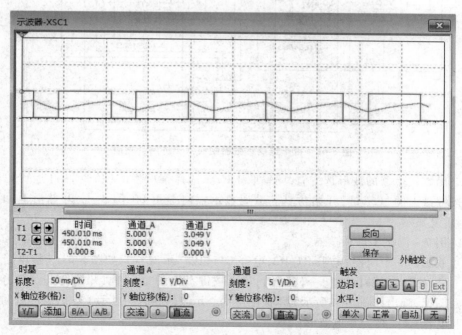

图 5-64 多谐振荡器的示波器界面

　　将游标 1、游标 2 分别移动到一个输出信号周期的开始和结束处,如图 5-65 所示,则可得到信号的周期(T2－T1)为 91.453 ms。这与理论计算 $T = (R_1 + 2R_2)C_1 \ln 2$ 的结果一致。

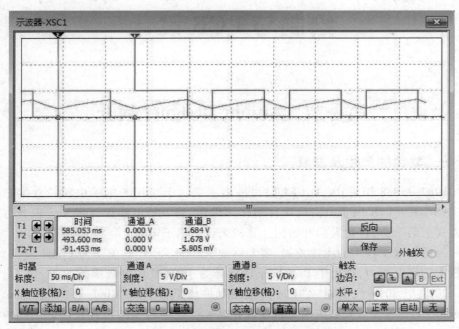

图 5-65　用标尺测量信号的周期

第六章 Altium Designer 原理图绘制与 PCB 设计

第一节 Altium Designer 简介

一、软件的产生及发展

1987—1988 年,美国 ACCEL 公司推出了第一个应用于电子电路设计的软件包 TANGO,开创了电子电路设计自动化的先河,为电子电路设计带来了设计方法和方式上的革命,自此人们开始用计算机来设计电子电路。

为适应电子技术的飞速发展,澳大利亚 Altium 公司(其前身为 Protel 公司)凭借强大的研发能力,推出了 Protel for DOS 作为 TANGO 的升级版。

20 世纪 80 年代末期,Altium 公司相继推出 Protel for Windows 1.0、Protel for Windows 1.5 等版本来适应 Windows 操作系统。这些版本的可视化功能给用户设计电子电路带来了很大的方便,设计者不必记忆烦琐的操作命令,这大大提高了设计效率,并且让用户体会到资源共享的优势。

20 世纪 90 年代中期,Altium 公司推出了基于 Windows 95 的 3.X 版本。

1998 年,Altium 公司推出了令人耳目一新的 Protel 98。它是 32 位产品,也是第一个包含 5 个核心模块的 EDA 工具,并以其出众的自动布线功能获得业内人士的一致好评。

1999 年,Altium 公司又推出了新一代的电子电路设计系统——Protel 99。它既有原理图逻辑功能验证的混合信号仿真,又有印制电路板(PCB)信号完整性分析的板级仿真,构成了从电路设计到 PCB 分析的完整体系。该版本获得了广泛的应用。

2005 年年底,Altium 公司推出了 Protel 系列的高端版本 Altium Designer。Altium Designer 是完全一体化的电子产品开发系统,是业界首例将设计流程、集成化 PCB 设计、可编程器件(如 FPGA)设计和基于处理器设计的嵌入式软件开发功能整合在一起的产品。2006 年、2008 年、2011 年、2013 年、2014 年,该公司又分别推出了 Altium Designer 6.0、8.0、10、14、15 版本。

2015 年 11 月，Altium Designer 16 问世，该版本又增加了一些新功能，比如增加精准的 3D 测量，设计环境得到进一步的增强，主要表现在原理图绘制、PCB 设计、同步链接组件得到增强，为使用者提供更可靠、更智能、更高效的电路设计环境。

二、Altium Designer 软件的安装、启动及中文编辑环境切换

（1）Altium Designer 软件的安装：按照安装提示就可完成软件的安装，在此不做详细的介绍。

（2）Altium Designer 的启动：点击计算机屏幕上的开始图标，找到 Altium Designer 并单击，该程序即启动。启动界面如图 6-1 所示。Altium Designer 主页面如图 6-2 所示。

图 6-1　Altium Designer 的启动界面

（3）将英文编辑环境切换为中文编辑环境：在主页面执行菜单命令【DXP】→【Preferences】，如图 6-3 所示。

系统将弹出【Preferences】对话框。打开"System"文件夹，选择"General"，出现如图 6-4 所示的【System-General】窗口。

该窗口包含了 4 个设置区域，分别是 Startup、General、Reload Documents Modified Outside of Altium Designer、Localization。其中的 Localization 用于设置中/英文切换。选中"Use localized resources"选项后，系统会弹出一个提示框，如图 6-5 所示。

单击提示框中【OK】按钮，然后在图 6-4 所示界面单击【Apply】按钮，使设置生效，再单击【OK】按钮（此二按钮在界面右下角，图中没有显示），退出设置界面。重新启动 Altium Designer，可以看到已经变为中文编辑环境，如图 6-6 所示。

图 6-2　Altium Designer 主页面

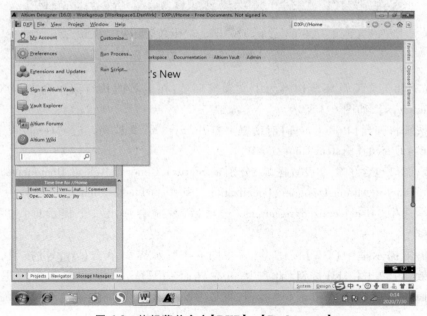

图 6-3　执行菜单命令【DXP】→【Preferences】

图 6-4　【System-General】窗口

图 6-5　提示框

三、Altium Designer 的各个编辑环境

1. 原理图编辑环境

执行菜单命令【文件】→【新建】→【原理图】,打开一个新的原理图文件。原理图编辑环境如图 6-7 所示。

2. PCB 编辑环境

执行菜单命令【文件】→【新建】→【PCB】,打开一个新的 PCB 文件。PCB 编辑环境如图 6-8 所示。

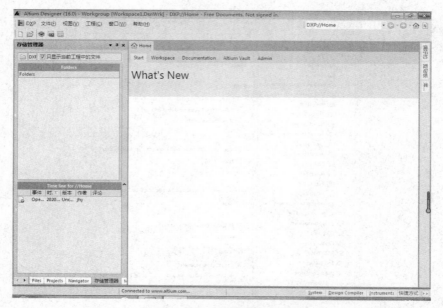

图 6-6 中文编辑环境的主页面

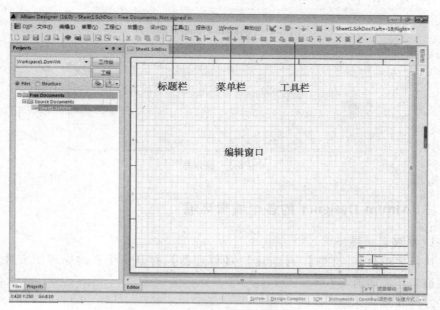

图 6-7 原理图编辑环境

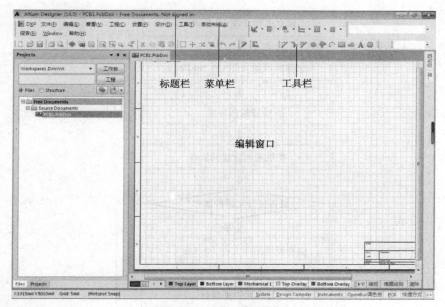

图 6-8　PCB 编辑环境

第二节　绘制电路原理图

一、绘制电路原理图的原则和步骤

原理图绘制,就是根据设计需要选择合适的元器件,并将所用的元器件及其相互之间的连接关系明确地表达出来。

绘制电路原理图时,不仅要保证电路原理图的电气连接正确、信号流向清晰,还应使元器件的整体布局合理、美观和精练。

绘制电路原理图的流程如图 6-9 所示。

二、原理图编辑环境

1. 创建原理图文件

在进行电路设计前,应先选择合适的路径建立一个专属于该工程的文件夹,专门用于存放和管理该工程所有的相关设计文件。

创建原理图文件的操作步骤如下:

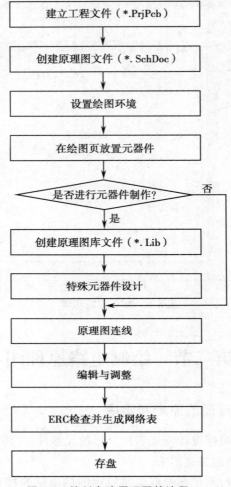

图 6-9 绘制电路原理图的流程

①执行菜单命令【文件】→【New】→【Project】,如图 6-10 所示,打开【Projects】对话框,如图 6-11 所示,可以看到系统创建了一个默认名为"PCB_Project. PrjPcb"的工程。

②在"PCB_Project. PrjPcb"工程名上右击,在弹出的菜单中选择【保存工程名】,然后根据需要将工程重命名。

③再次右击工程名,在弹出的菜单中选择【给工程添加新的】→【Schematic】,则在该工程中添加了一个新的空白原理图文件(系统默认名为"Sheet1. SchDoc"),同时

打开了原理图编辑环境。添加的"Sheet1. SchDoc"原理图文件如图 6-12 所示。在该文件名称上右击,在弹出的菜单中选择【保存为】,可对其进行重命名。

图 6-10 建立工程(Project)

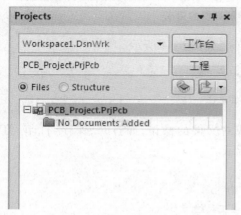

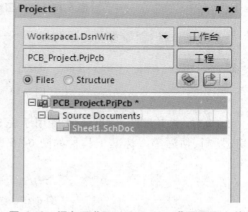

图 6-11 【Projects】对话框   图 6-12 添加了"Sheet1. SchDoc"原理图文件

2. 原理图编辑环境

原理图编辑环境主要由菜单栏、标准工具栏、布线工具栏、实用工具栏、原理图编辑窗口、仿真工具栏、元器件库面板和面板控制中心等组成。原理图编辑环境的组成如图 6-13 所示。

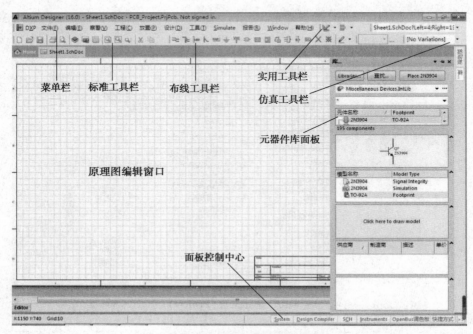

图 6-13　原理图编辑环境的组成

（1）菜单栏：在原理图编辑环境中，菜单栏如图 6-14 所示。

图 6-14　菜单栏

（2）标准工具栏：标准工具栏用于完成对文件的操作，如打开、保存、打印、剪切、复制、粘贴等。标准工具栏如图 6-15 所示。

图 6-15　标准工具栏

（3）布线工具栏：主要用于放置原理图中的元器件、电源、地、端口、图纸符号和网络标签等，同时也给出了元器件之间的连线和总线绘制的工具按钮。布线工具栏如图 6-16 所示。

图 6-16　布线工具栏

（4）实用工具栏：实用工具栏包括实用工具箱、排列工具箱、电源工具箱和栅格工具箱。实用工具栏如图 6-17 所示。

图 6-17　实用工具栏

实用工具箱用于在原理图中绘制所需要的标注信息（不代表电气联系）；排列工具箱用于对原理图中的元器件位置进行调整、排列；电源工具箱提供原理图绘制中可能用到的各种电源；栅格工具箱用于完成对栅格的操作。

（5）原理图编辑窗口：在该窗口中，用户可以绘制一个新的电路原理图，并完成该设计的元器件放置以及元器件之间的电气连接等工作，也可以在原有的电路原理图中进行编辑和修改。按住【Ctrl】键调节鼠标滑轮，或者按住鼠标滑轮上下移动鼠标，可以对该窗口进行放大或缩小，方便用户的设计。

（6）仿真工具栏：仿真工具栏设有运行混合信号仿真、设置混合信号仿真参数、生成 XPICE 网络表等工作按钮。在原理图绘制完成后，通过该工具栏对原理图进行必要的仿真，以确保原理图的准确性，缩短电子电路设计的开发周期。

（7）元器件库面板：通过元器件库面板，可以方便地进行搜索选择元器件、加载或卸载元器件库、浏览库中的元器件信息等操作。

（8）面板控制中心：面板控制中心是用来开启或关闭各种工作面板的。面板控制中心如图 6-18 所示。

图 6-18　面板控制中心

三、对元器件库的操作

电路原理图是由大量的元器件构成的，绘制电路原理图本质上就是在编辑窗口不断放置元器件的过程。但元器件的数量庞大，种类繁多，因而要按照生产厂商及功能类别进行分类，并分别存放在不同的文件内。这些专门用于存放元器件的文件就是所谓的库文件。

1. 库面板

库面板是 Altium Designer 中最重要的应用面板之一。如图 6-19 所示。

当前加载的元器件库：该栏中列出了当前工程加载的所有库文件，单击右边的下拉按钮,可以进行选择并改变激活的库文件。

查询条件输入栏:用于输入与要查询的元器件相关的内容,帮助用户快速查找。

元器件列表:用来列出满足查询条件的所有元器件,或用来列出当前被激活的元器件库所包含的所有元器件。

原理图符号预览:用来预览当前元器件的原理图符号。

模型预览:用来预览当前元器件的各种模型,如 PCB 封装形式、信号完整性分析及仿真模型等。

库面板提供了对所选择的元器件的预览,包括原理图符号和 PCB 封装形式,以及其他模型符号,以便在元器件放置之前就可以先看到这个元器件大致是什么样子。利用该面板还可以完成元器件的快速查询、元器件库的加载以及元器件的放置等多种操作,便捷而全面。

2. 加载和卸载元器件库

元器件库的加载:为方便把相应的元器件放置到图纸上,将所需要的元器件库载入内存中。

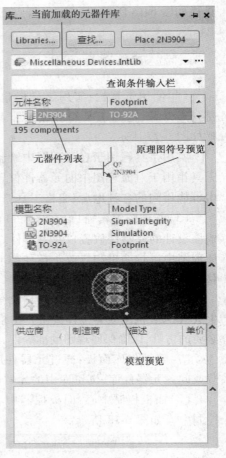

图 6-19　库面板

元器件库的卸载:即把暂时用不到的元器件库及时从内存中移出。因为加载到内存的元器件库会占用系统的资源,降低应用程序的运行速度。

Altium Designer 16 安装完后,只有两个库文件:Miscellaneous Connectors. IntLib 和 Miscellaneous Devices. IntLib。要安装更多的库文件,需要先下载库文件,然后将其加载到 Altium Designer 中。

(1)库文件的下载:从官网下载元器件库,先进入网址 https://techdocs. altium. com/display/ADOH/Download+Libraries,然后向下拉,单击"Download all Libraries, in single ZIP file"则下载所有元器件库。下载下来的是一个 zip 压缩包,对其进行解压,解压出来总共有 107 个文件夹。

复制刚才下载的元器件库,然后粘贴到已安装软件元器件库默认的存放路径。如果经常使用 Atmel 的元器件,而其他的不常用,则仅仅复制所下载元器件库中 Atmel 文件夹,然后粘贴到已安装软件元器件库默认的存放路径。

(2)元器件库的加载和卸载:

①执行菜单命令【设计】→【添加/移除库】,可以打开如图 6-20 所示的【可用库】对话框。

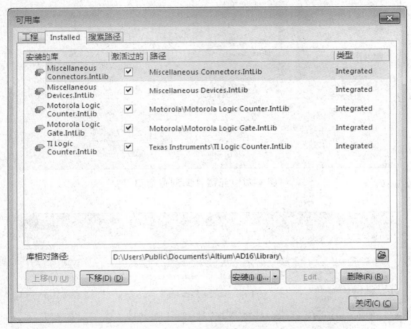

图 6-20　【可用库】对话框

②在【Installed】标签页中,单击【安装】按钮,打开如图 6-21 所示的元器件库浏览窗口。

③在元器件库浏览窗口中选择需要的库文件夹,打开后选择相应的元器件库。例如选择 Texas Instruments 文件夹中的元器件库"TI Logic Gate 1. IntLib",单击【打开】按钮后,该元器件库就会出现在【可用库】对话框中,完成元器件库的加载,如图 6-22 所示。加载完毕后,单击【关闭】按钮,关闭【可用库】对话框。

④在【可用库】对话框中,选中某一不需要的元器件库,单击【删除】按钮,即可卸载该元器件库。

图 6-21 元器件库浏览窗口

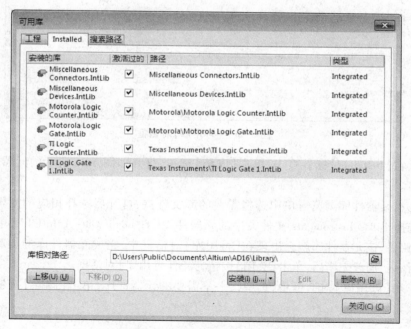

图 6-22 完成元器件库的加载

四、对元器件的操作

1. 查找元器件

系统提供两种查找方式：一种是在【可用库】对话框中进行元器件的查找；另一种是用户只知道元器件的名称，并不知道该元器件所在的元器件库名称，此时可用系统所提供的查找功能来查找元器件，并加载相应的元器件库。

执行菜单命令【工具】→【发现器件】，或者在库面板上单击【查找】按钮，可以打开【搜索库】对话框，如图 6-23 所示，进行元器件的搜索。

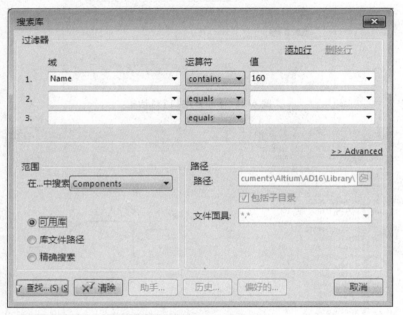

图 6-23　【搜索库】对话框

2. 放置元器件

放置元器件有两种方法，一种是使用菜单命令完成原理图符号的放置，另一种是使用库面板实现原理图符号的放置。

（1）使用菜单命令完成原理图符号的放置：菜单栏【放置】→【器件】，出现【放置端口】对话框，如图 6-24 所示，在对话框中可修改元器件标识。点击【选择】，出现【浏览库】对话框，如图 6-25 所示，在对话框中可改变元器件库文件，浏览元器件，点击【确定】即选中指定的元器件。

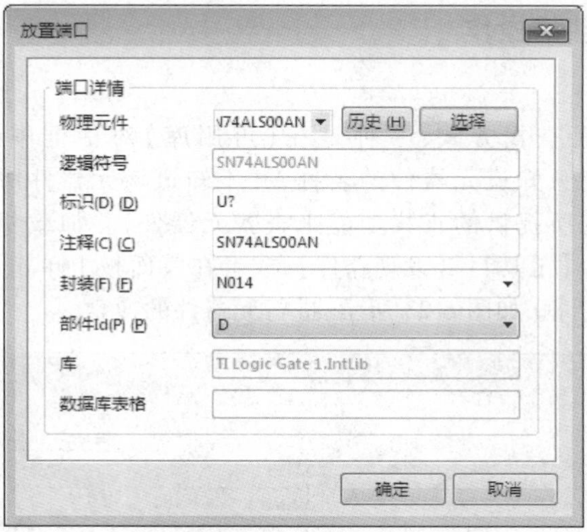

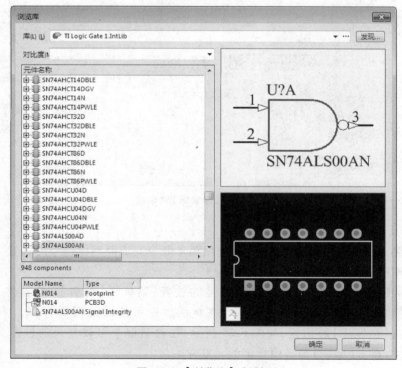

图 6-24 【放置端口】对话框

图 6-25 【浏览库】对话框

（2）使用库面板实现原理图符号的放置：打开库面板，先在库文件下拉列表中选中所需元器件所在的元器件库，然后在相应的元器件名称列表中选择需要的元器件。例如，选择元器件库"Miscellaneous Devices. IntLib"，选中需要的元件"Cap"，如图 6-26 所示，此时库面板右上方的【Place Cap】按钮被激活。

单击【Place Cap】按钮，或者直接双击选中的元件"Cap"，相应的元件原理图符号就会自动出现在原理图编辑窗口内，并随米字形光标移动，到达放置位置后，单击鼠标左键，可完成一次元器件的放置，同时系统会保持放置下一个相同元器件的状态。连续操作，可以放置多个相同的元器件。单击鼠标右键，可退出放置状态。放置后的元器件如图 6-27 所示。

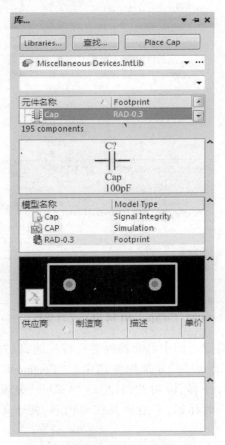

图 6-26　选中所需的元件"Cap"

图 6-27　放置后的
元件"Cap"

3. 编辑元器件的属性

在原理图上放置的所有元器件都具有自身的特定属性,如标识、注释、位置和所在库名等。在放置好一个元器件后,应对其属性进行正确的编辑和设置,以免在后面生成网络表和 PCB 的制作中带来错误。

(1)手动标注:执行菜单命令【编辑】→【改变】,此时在编辑窗口内光标变为十字形,将光标移到要编辑属性的元器件上,如电容元件"Cap"上,单击左键,系统会弹出相应的【Properties for Schematic Component in Sheet】对话框,如图 6-28 所示。

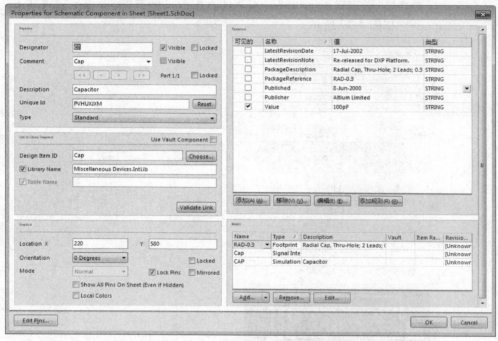

图 6-28 【Properties for Schematic Component in Sheet】对话框

"Designator"文本编辑栏是用来对原理图中的元器件进行标注的,以对元器件进行区分,方便 PCB 的制作,其后的"Visible"复选框应选中。"Comment"文本编辑栏是用来对原理图中的元器件进行注释、说明的,其后的"Visible"复选框不选中。这样在原理图中只显示该元器件的标识,不显示其注释内容,便于原理图的布局。

在 Parameters 区域内,设置参数项"Value"的值为"100pF",其余项为系统的默认设置。

完成上述属性设置后,单击【确认】按钮,关闭【Properties for Schematic Component in Sheet】对话框,设置后的元器件如图 6-29 所示。

图 6-29　设置后的元器件

(2)自动标注:有的电路图比较复杂,由许多元器件构成。此时可以使用系统提供的自动标注功能来轻松完成对元器件的标注编辑。

执行菜单命令【工具】→【注释】,系统会弹出【注释】对话框,如图 6-30 所示。

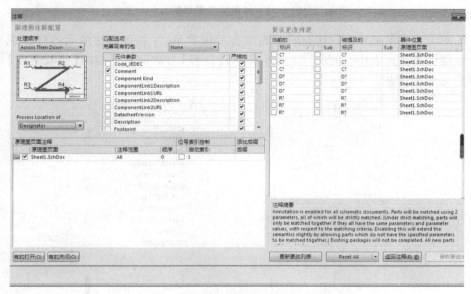

图 6-30　【注释】对话框

处理顺序:用于设置元器件标注的顺序,单击其下拉按钮,可看到 4 种可供选择的标注方案。

匹配选项:用于选择元器件的匹配参数,在其下面的列表中列出了多种元器件参数供用户选择。

原理图页面注释:用于选择要标注的原理图文件,并确定注释范围、起始索引值(启动索引)及后缀字符等。

图中的处理顺序为"Across Then Down",即先按从左到右、再按从上到下的顺序处理。在匹配选项列表中选中两项:"Comment"和"Library Reference"(列表下拉后可见),注释范围为"All",启动索引为"1"。

　　设置完成后,单击【更新更改列表】按钮,系统弹出如图 6-31 所示的提示框,提醒用户元器件状态要发生变化。

图 6-31　自动标注提示框

　　单击该提示框中的【OK】按钮,系统会发出提示,并将要标注的元器件标识显示在提议更改列表中,如图 6-32 所示,同时【注释】对话框右下角的【接收更改】按钮变为激活状态。

提议更改列表					
当前的			被提及的		器件位置
标识	∧	Sub	标识	Sub	原理图页面
□ C?		□	C1		Sheet1.SchDoc
□ C?		□	C2		Sheet1.SchDoc
□ C?		□	C3		Sheet1.SchDoc
□ D?		□	D1		Sheet1.SchDoc
□ D?		□	D2		Sheet1.SchDoc
□ D?		□	D3		Sheet1.SchDoc
□ R?		□	R2		Sheet1.SchDoc
□ R?		□	R1		Sheet1.SchDoc
□ R?		□	R3		Sheet1.SchDoc

注释摘要
Annotation is enabled for all schematic documents. Parts will be matched using 2 parameters, all of which will be strictly matched. (Under strict matching, parts will only be matched together if they all have the same parameters and parameter values, with respect to the matching criteria. Disabling this will extend the semantics slightly by allowing parts which do not have the specified parameters to be matched together.) Existing packages will not be completed. All new parts

更新更改列表	Reset All ▾	返回注释(B) (B)	接收更改(

图 6-32　提议更改列表

　　单击【接收更改】按钮，系统自动弹出【工程更改顺序】对话框，如图 6-33 所示。

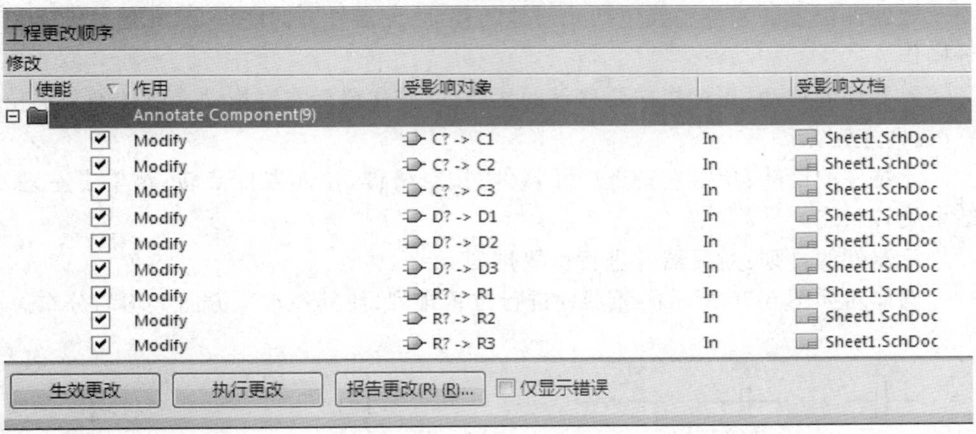

图 6-33　【工程更改顺序】对话框

　　单击【生效更改】按钮，可使元器件标识变化有效。单击【执行更改】按钮，如图 6-34 所示，使原理图中的元器件标识显示出变化。

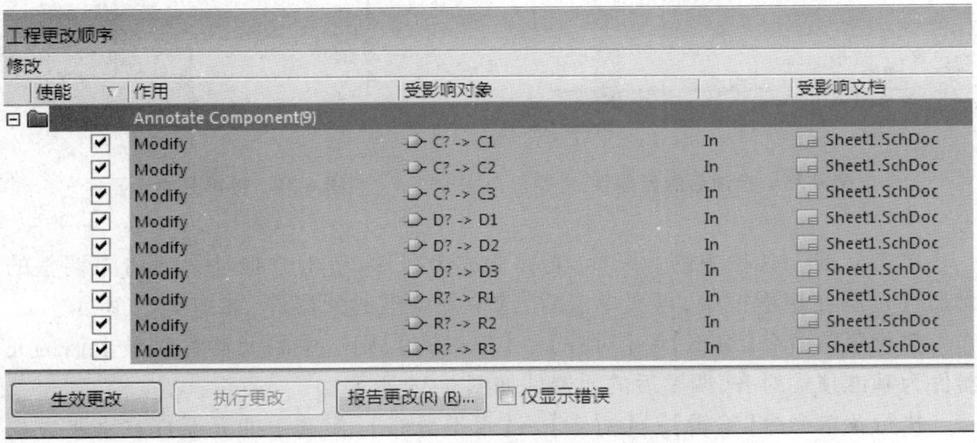

图 6-34　单击【执行更改】按钮

依次关闭【工程更改顺序】对话框和【注释】对话框,可以看到标注后的元器件,如图 6-35 所示。

4. 调整元器件的位置

元器件位置的调整主要包括元器件的移动、元器件方向的设定、元器件的排列等操作。

元器件的移动:光标指向要移动的元器件,按住鼠标左键拖动元器件到新的位置,松开左键。

元器件的旋转:单击左键选中元器件;按空格键,使元器件旋转;再单击左键,结束旋转状态。

元器件的排列:对元器件进行位置排列。

例如对如图 6-36 所示的元器件进行位置排列,使其在水平方向上均匀分布。

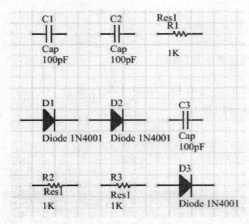

图 6-35　标注后的元器件

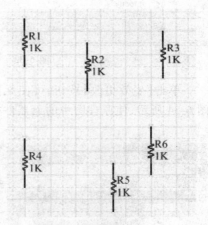

图 6-36　待排列的元器件

单击标准工具栏中的▨图标,光标变成十字形,单击并拖动鼠标将要调整的元器件包围在矩形框中,再次单击后,选中待调整的元器件,如图 6-37 所示。

执行菜单命令【编辑】→【对齐】→【顶对齐】,则选中的元器件以最上面的元器件为基准顶端对齐,调整后的元器件如图 6-38 所示。

执行菜单命令【编辑】→【对齐】→【水平分布】,使选中的元器件在水平方向上均匀分布。单击鼠标左键,取消元器件的选中状态。操作完成后的元器件排列如图 6-39 所示。

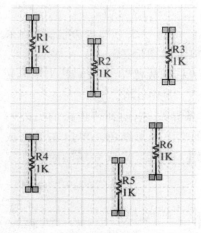

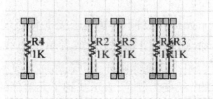

图 6-38 对齐调整后的状态

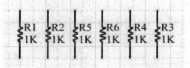

图 6-37 选中待调整的元器件

图 6-39 排列操作完成后的状态

五、绘制电路原理图

绘制电路原理图,就是将放置在原理图中的各个元器件进行连接(电气意义的连接)。电气连接有两种实现方式:一种是直接使用导线将各个元器件连接起来,称为物理连接;另外一种是不需要实际的相连操作,而是通过设置网络标签使得元器件之间具有电气连接关系。

1. 原理图连接工具

通常使用菜单命令和布线工具栏,对原理图进行连接。

(1)使用菜单命令:执行菜单命令【放置】,出现如图 6-40 所示菜单。

该菜单中包含放置各种原理图元器件的命令,也包括对总线、总线进口、导线和网络标号等的连接和放置工具,以及放置文本字符串、文本框的命令。

(2)使用布线工具栏:布线工具栏中的图标与【放置】菜单中的各项命令互相对应,直接单击该工具栏中的图标,即可完成相应的功能操作。布线工具栏参见图 6-16。

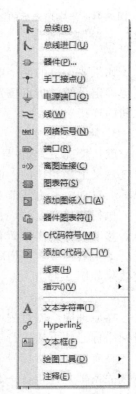

图 6-40 【放置】菜单

2. 绘制导线

元器件之间的电气连接主要通过导线来完成。绘制导线有两种方法:执行菜单命令【放置】→【线】,或者单击布线工具栏中的放置线图标 ～ 。

单击放置线图标 ～ 后,光标变为米字形。移动光标到放置导线的位置,米字形光标的"×"变为红色,表示找到了元器件的一个电气节点。见图 6-41。

在导线起点处单击,拖动鼠标,随之绘制出一条导线,拖动到待连接的另外一个电气节点处,如图 6-42 所示,同样米字形光标的"×"变为红色。单击左键完成两个电气节点之间的连接。单击鼠标右键或者按【Esc】键,完成导线的绘制。完成元器件连接的效果如图 6-43 所示。

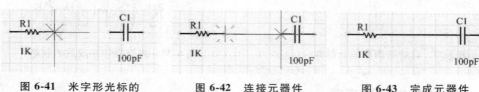

图 6-41 米字形光标的 "×"变为红色　　图 6-42 连接元器件　　图 6-43 完成元器件连接的效果

如果要连接的两个电气节点不在同一条直线上,则在绘制导线过程中,要单击左键确定导线的折点位置,找到导线的终点位置后再单击左键,完成两个电气节点之间的连接。

3. 放置电气节点

默认情况下,会在导线 T 字交叉点处自动放置电气节点,表示所绘制线路在电气意义上是相连的。但在十字交叉点处,系统无法判别在该处导线是否相连,所以不会自动放置电气节点。如果确实相连,需要手动放置电气节点。

执行菜单命令【放置】→【手工接点】,光标变为"×",并带有一个电气节点符号。移动光标到需放置位置,如图 6-44 所示,单击左键,即可完成电气节点的放置。单击右键或者按【Esc】键可退出电气节点的绘制状态。完成电气节点放置后的效果如图 6-45 所示。

4. 放置网络标号

在原理图绘制过程中,除了可以使用导线进行元器件之间的连接外,还可以通过网络标号的方法进行连接。

具有相同网络标号名称的导线或元器件引脚,无论在图上是否有导线连接,其电气关系都是连接在一起的。相同的网络标号名称是指形式上完全一致的网络标

图 6-44　放置电气节点

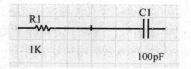

图 6-45　完成电气节点放置的效果

号名称,因此网络标号名称是区分大小写的。使用网络标号代替实际的导线连接可以极大地简化原理图连接。

　　放置网络标号有两种方法:执行菜单命令【放置】→【网络标号】,或者单击布线工具栏中的放置网络标号图标 [Net]。

　　执行放置网络标号命令后,光标变为米字形,并附有一个初始网络标号名称 "NetLabel1"。放置网络标号如图 6-46 所示。

　　将光标移动到要放置网络标号的导线处,当米字形光标的"×"变为红色时,表示光标已经连接到该导线,此时单击左键即完成网络标号的放置,如图 6-47 所示。

　　将光标移动到其他位置,单击可连续放置,右击鼠标或按【Esc】键可退出放置网络标号的状态。双击已经放置的网络标号,可以打开【网络标签】对话框,如图 6-48 所示,在其属性区域中的网络文本编辑栏内可以更改网络标号名称,并设置放置方向及字体。单击【确定】按钮,保存设置并关闭【网络标签】对话框。

　5. 放置电源或接地端口

　　电源符号和接地符号是一个完整电路不可缺少的组成部分。系统给出了多种电源符号和接地符号的形式,且每种形式都有其相应的网络标签。

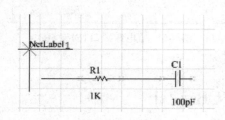

图6-46　放置网络标号

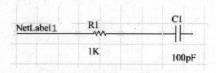

图6-47　完成网络标号放置的效果

图6-48　【网络标签】对话框

放置电源和接地符号有两种方法:执行菜单命令【放置】→【电源端口】,或者单击布线工具栏中的放置电源端口图标 ⍑ 和放置接地端口图标 ⏚。

单击放置电源端口图标 ⍑ 或放置接地端口图标 ⏚ 后,光标变为米字形,并带有一个电源或接地的端口符号。放置电源符号如图 6-49 所示。

移动光标到应放置的位置,单击即可完成放置,再次单击可实现连续放置。放置好的电源符号如图 6-50 所示。右击或按【Esc】键可退出电源符号放置状态。

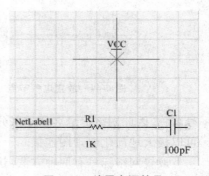

图 6-49　放置电源符号

双击放置好的电源符号,打开【电源端口】对话框,如图 6-51 所示。在【电源端口】对话框中,可以对电源的名称、样式进行设置。设置完成后,单击【确定】按钮关闭该对话框。

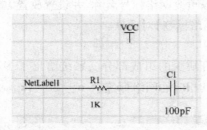

图 6-50　完成电源符号放置的效果

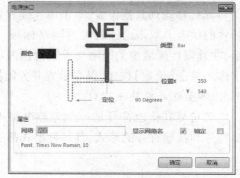

图 6-51　【电源端口】对话框

第三节　PCB 设计

印制电路板(printed circuit board,PCB)又称印制线路板或印制板。

PCB 设计的流程为:创建 PCB 文件,装入 PCB 元器件库,规划 PCB 及参数设置,加载网络表,元器件布局,PCB 布线,输出光绘及报表文件等。

一、创建 PCB 文件及 PCB 设计环境介绍

在 Altium Designer 中,创建 PCB 文件的方法有两种,一是使用系统提供的新

建电路板向导,二是通过执行相应的菜单命令来自行创建。

使用菜单命令创建 PCB 文件的方法是:在 Altium Designer 主页面中,执行菜单命令【文件】→【New】→【PCB】,新建一个 PCB 文件。这样创建的 PCB 文件,其各项参数均采用了系统的默认值。

在创建一个新的 PCB 文件或打开一个现有的 PCB 文件后,即启动了 Altium Designer 的 PCB 编辑器,进入了 PCB 设计环境,如图 6-52 所示。

PCB 设计环境包括菜单栏、PCB 标准工具栏、布线工具栏、过滤工具栏、导航工具栏、PCB 编辑窗口、板层标签和状态栏。

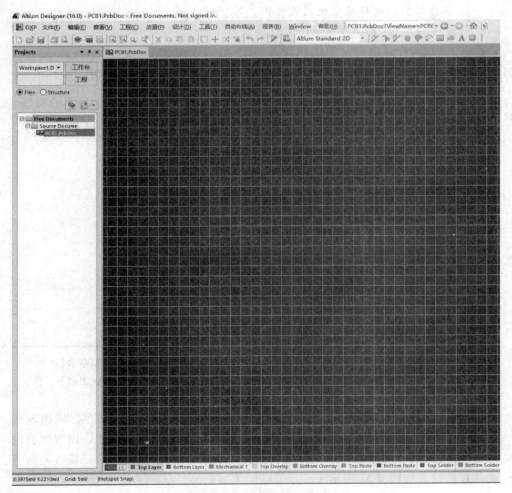

图 6-52　PCB 设计环境

二、加载网络表

加载网络表，就是将原理图中元器件的相互连接关系及元器件封装尺寸数据载入 PCB 编辑器中，实现原理图向 PCB 的转化，以方便进一步制版。

Altium Designer 提供了两种装入网络表与元器件封装的方法：

· 在原理图编辑环境中使用设计同步器。

· 在 PCB 编辑环境中执行菜单命令。

这两种方法的本质都是通过启动工程变化订单来完成的。

1. 在原理图编辑环境中使用设计同步器

创建新的工程"PCB_Project1. PrjPcb"，在工程名上右击，在弹出的菜单中执行菜单命令【添加现有的文件到工程】，如图 6-53 所示，将已绘制好的电路原理图和要进行设计的 PCB 文件导入该工程。确保新建的 PCB 空白文件已添加到与原理图相同的工程中，并已保存。

将工作界面切换到已绘制好的电路原理图界面，如图 6-54 所示。

执行菜单命令【工程】→【Compile PCB Project PCB_Project1. PrjPcb】，编译工程"PCB_Project1. PrjPcb"。若没有弹出错误信息提示，证明电路绘制正确。

在原理图编辑环境中，执行菜单命令【设计】→【Update PCB Document PCB1. PcbDoc】，如图 6-55 所示。

执行完上述菜单命令后，系统会打开如图 6-56 所示的【工程更改顺序】对话框。该对话框中显示了本次要载入的元器件封装及 PCB 文件名等。

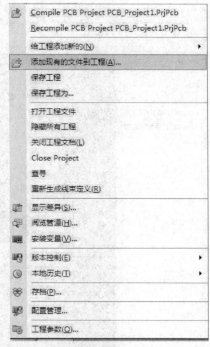

图 6-53　执行菜单命令【添加现有的文件到工程】

单击【生效更改】按钮，在状态区域的检测栏中将会显示检查的结果，出现绿色的对号标志，表明对网络表及元器件检查的结果是正确，更改有效。出现红色的叉号标志，表明对网络表及元器件封装检查的结果是错误，更改无效。检查网络表及元器件封装如图 6-57 所示。

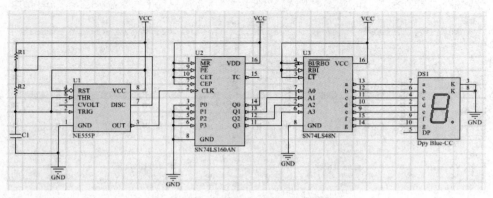

图 6-54　已绘制好的电路原理图界面

图 6-55　执行菜单命令【设计】→
【Update PCB Document PCB1. PcbDoc】

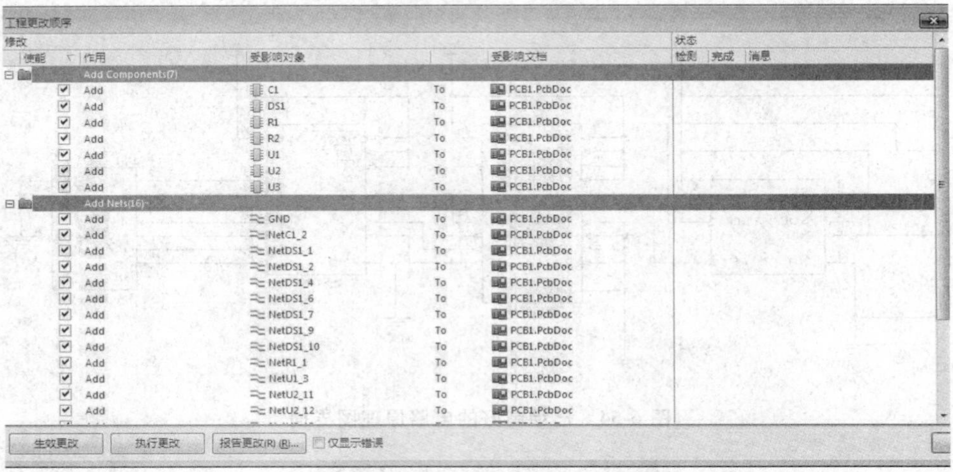

图 6-56 【工程更改顺序】对话框 1

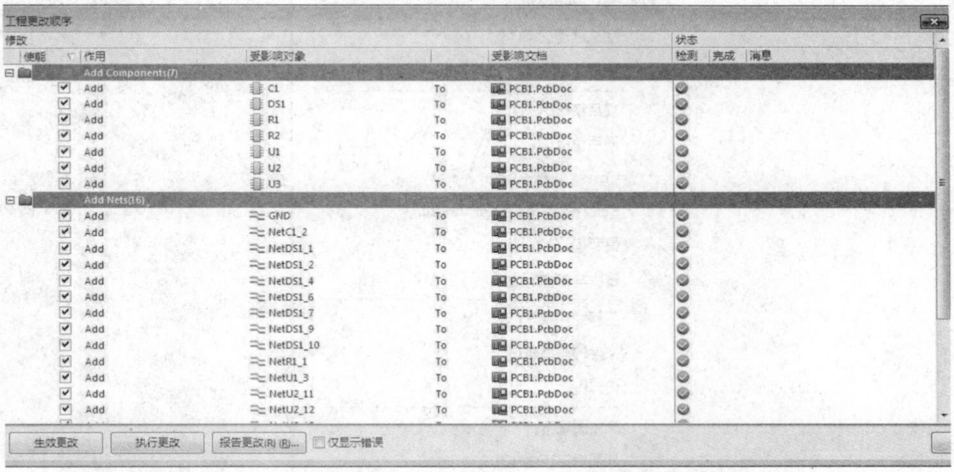

图 6-57 检查网络表及元器件封装

单击【执行更改】按钮,如图 6-58 所示,将网络表及元器件封装装入 PCB 文件"PCB1. PcbDoc"中,如果装入正确,则在状态区域的完成栏中显示出绿色的对号标志。

单击【关闭】按钮,可退出【工程更改顺序】对话框,并可以看到所装入的网络表与元器件封装放置在 PCB 的电气边界以外,并且以飞线的形式显示着网络表和元器件封装之间的连接关系。装入网络表与元器件封装的效果如图 6-59 所示。

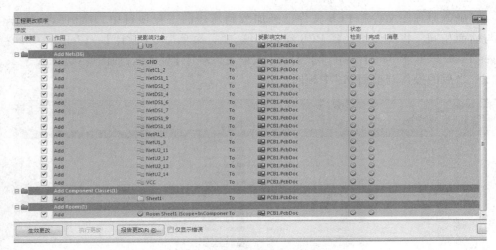

图 6-58　单击【执行更改】按钮

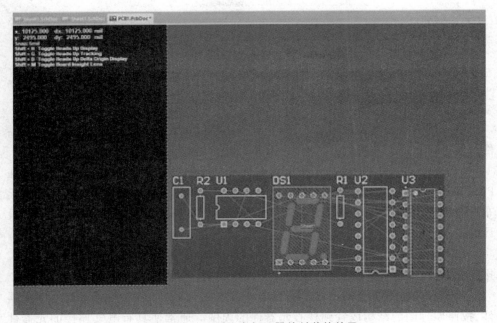

图 6-59　装入网络表与元器件封装的效果

2. 在 PCB 编辑环境中执行菜单命令

确认原理图文件和 PCB 文件已经加载到新建的工程项目中,并已保存,操作与前面相同。将界面切换到 PCB 编辑环境,执行菜单命令【设计】→【Import Changes From PCB_Project1.PrjPcb】,打开【工程更改顺序】对话框,如图 6-60 所示。

之后的操作与前面"1"中相同。

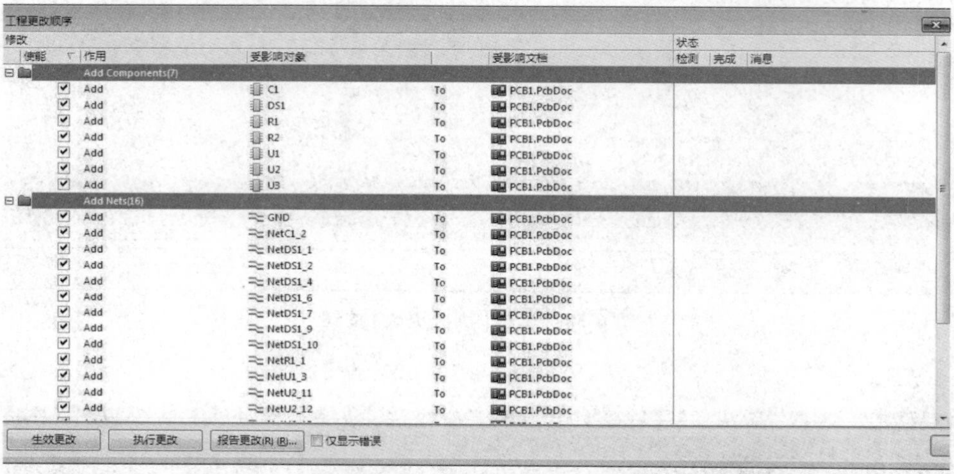

图 6-60 【工程更改顺序】对话框 2

三、元器件布局

装入网络表和元器件封装后,用户要将元器件封装放入工作区,这就是对元器件封装进行布局。布局的方式有两种,即自动布局和手动布局。

(1)自动布局:自动布局是指设计人员布局前先设定好设计规则,系统自动在 PCB 上进行元器件的布局。这种方法效率较高,布局结构比较优化,但有时缺乏布局合理性,所以在自动布局完成后,要采用手动布局进行一定的调整,以达到设计的要求。

(2)手动布局:手动布局是设计者手动在 PCB 上进行元器件布局,包括移动、排列元器件。这种布局结果一般比较合理和实用,但效率较低。

手动布局首先将全图最核心的元器件放置到合适的位置,然后将其外围元器件,按照原理图的结构放置到核心元器件的周围。通常使具有电气连接的元器件的引脚比较接近,这样走线距离短,从而使整个 PCB 的导线容易连通。

完成了网络表和元器件封装的装入,就可以开始在 PCB 上放置元器件了。

首先将核心元器件移动到 PCB 上：将光标放在核心元器件封装的轮廓上，按下鼠标不动，光标变成一个大十字形，移动光标，拖动元器件，将其移动到合适的位置，松开鼠标将元器件放下。用同样的方法，将其余元器件封装一一放置到 PCB 上，完成所有元器件的放置。如图 6-61 所示。

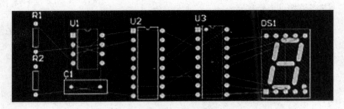

图 6-61　完成所有元器件的放置

调整元器件封装的位置，尽量对齐。

必要时可对元器件进行旋转操作：按下鼠标左键选中需要旋转的元器件，选中后不放，同时按下键盘上空格键，元器件便逆时针方向旋转 90°；选中元器件不放，同时按下键盘上【Shift】+空格键，元器件便顺时针方向旋转 90°。

四、布线

自动布线需先设置布线策略：执行菜单命令【自动布线】→【设置】，系统弹出【Situs 布线策略】对话框，如图 6-62 所示。

【Situs 布线策略】对话框分为上、下两个区域，分别是布线设置报告区域和布线策略区域。

布线设置报告区域用于设置布线规则及汇总报告受影响的对象，该区域有 3 个控制按钮：

【编辑层走线方向】：用于设置各信号层的布线方向，单击该按钮可打开【层说明】对话框，如图 6-63 所示。

【编辑规则】：单击该按钮，可以打开【PCB 规则及约束编辑器】对话框，对各项规则继续进行修改或设置。

【报告另存为】：单击该按钮，可将规则报告导出，并以后缀名为". htm"的文件保存。

布线策略区域用于选择可用的布线策略或编辑新的布线策略。系统提供了 6 种默认的布线策略：

- Cleanup：默认优化的布线策略。
- Default 2 Layer Board：默认的双面板布线策略。

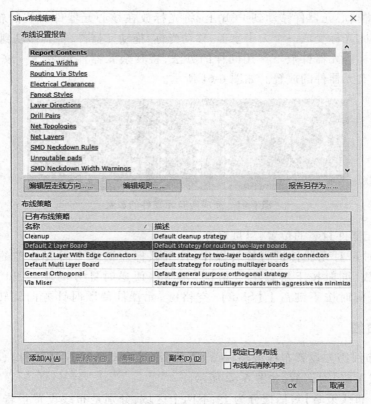

图 6-62 【Situs 布线策略】对话框

图 6-63 【层说明】对话框

● Default 2 Layer With Edge Connectors：默认的具有边缘连接器的双面板布线策略。

● Default Multi Layer Board：默认的多层板布线策略。

● General Orthogonal：默认的常规正交布线策略。

● Via Miser：尽量减少过孔使用的多层板布线策略。

【Situs 布线策略】对话框的下方还包括两个复选框：

锁定已有布线：选中该复选框，表示可将 PCB 上原有的预布线锁定，在自动布线过程中，自动布线器不会更改原有预布线。

布线后消除冲突：选中该复选框，表示重新布线后，系统可以自动删除原有的布线。

布线策略设置好后，就可以利用 Altium Designer 提供的自动布线器进行自动布线了。自动布线器有多种布线方式，下面介绍"全部方式布线"。

执行菜单命令【自动布线】→【全部】，系统弹出【Situs 布线策略】对话框，在设定好所有的布线策略后，选择"Route All"开始对 PCB 全局进行自动布线。在布线的同时，系统的【Messages】面板（图 6-64）会同步给出布线的状态信息。

关闭信息窗口，可以看到布线的效果，如图 6-65 所示。

如果有不满意的布线，可以通过调整布局或手动布线来改善布线效果：执行菜单命令【工具】→【取消布线】→【全部】，可删除刚才的布线结果。此时，自动布线将被全部删除，用户可对不满意的布线先进行手动布线，然后再次进行自动布线。

Class	Docum...	Sou...	Message	Time	Date	N..
S.. PCB2.P...	Situs	Routing Started	17:17:...	2020/...	1
R.. PCB2.P...	Situs	Creating topology map	17:17:...	2020/...	2
S.. PCB2.P...	Situs	Starting Fan out to Plane	17:17:...	2020/...	3
S.. PCB2.P...	Situs	Completed Fan out to Plan...	17:17:...	2020/...	4
S.. PCB2.P...	Situs	Starting Memory	17:17:...	2020/...	5
S.. PCB2.P...	Situs	Completed Memory in 0 Sec...	17:17:...	2020/...	6
S.. PCB2.P...	Situs	Starting Layer Patterns	17:17:...	2020/...	7
R.. PCB2.P...	Situs	22 of 37 connections route...	17:17:...	2020/...	8
S.. PCB2.P...	Situs	Completed Layer Patterns i...	17:17:...	2020/...	9
S.. PCB2.P...	Situs	Starting Main	17:17:...	2020/...	10

图 6-64　【Messages】面板显示布线状态信息

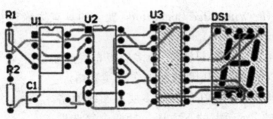

图 6-65　自动布线结果（反相）

五、PCB 的输出

PCB 可输出 PCB 报告（PCB 信息报告、元器件报告、元器件交叉参考报告、网络表状态报告、测量距离报告）、Gerber 文件、钻孔文件等。

1. PCB 输出的基本功能

PCB 信息报告：为用户提供 PCB 的完整信息，包括 PCB 尺寸、焊盘、导孔的数量及零件编号等。

元器件报告：用来整理电路或工程的零件，生成元器件列表，以便用户查询。

元器件交叉参考报告：主要用于将整个工程中的所有元器件按照所属的元器件封装进行分组，同样相当于一份元器件清单。

网络表状态报告：给出 PCB 中各网络所在的工作层面及每一个网络中的导线总长度。

测量距离报告：用于输出任意两点之间的距离。

Gerber 文件：提供 Gerber 光绘数据，用于绘图机绘制图形。

钻孔文件：记录钻孔的尺寸和位置。当用户的 PCB 数据要送入钻孔机进行自动钻孔操作时，用户需要创建钻孔文件。

2. PCB 的元器件报告

元器件报告的功能是整理电路或工程的零件，生成元器件列表，以便用户查询。

执行菜单命令【报告】→【Bill of Materials】，系统会弹出【Bill of Materials For PCB Document】对话框，如图 6-66 所示。

在【Bill of Materials For PCB Document】对话框中，单击【菜单】按钮，则会弹出如图 6-67 所示的菜单。

图 6-66　【Bill of Materials For PCB Document】对话框

在弹出的菜单中执行菜单命令【报告】,即可打开【报告预览】对话框,如图 6-68 所示。

单击【报告预览】对话框中的【输出】按钮,可以将该报告进行保存,同时激活【打开报告】按钮。单击【打开报告】按钮,即可打开以 Excel 文件形式保存的元器件报告,如图 6-69 所示。

3. 智能 PDF 向导

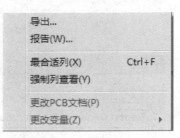

图 6-67　弹出的菜单

Altium Designer 系统还提供了智能 PDF 向导,用于创建原理图和 PCB 数据视图文件,实现设计数据的共享。

在原理图编辑环境或 PCB 编辑环境,执行菜单命令【文件】→【智能 PDF】,即打开【Altium Designer 灵巧 PDF】向导界面。按照提示操作,最后生成包括原理图和 PCB 的 PDF 文件。

#	Comment	Description	Designator	Footprint	LibRef	Quantity
1	Cap	Capacitor	C1	RAD-0.3	Cap	1
2	Dpy Blue-CC	14.2 mm General Purpose Blue 7-Segment Display: CC, RH DP, Gray Surface	DS1	H	Dpy Blue-CC	1
3	Res1	Resistor	R1, R2	AXIAL-0.3	Res1	2
4	NE555P	Precision Timer	U1	P008	NE555P	1
5	SN74LS160AN	Synchronous 4-Bit Counter	U2	N016	SN74LS160AN	1
6	SN74LS48N	BCD-to-Seven-Segment Decoder/Driver	U3	N016D	SN74LS48N	1

图 6-68 【报告预览】对话框

1	Cap	Capacitor	C1	RAD-0.3	Cap	1
2	Dpy Blue-CC	14.2 mm General Purpose Blue 7-Segment Display: CC, RH DP, Gray Surface	DS1	H	Dpy Blue-CC	1
3	Res1	Resistor	R1, R2	AXIAL-0.3	Res1	2
4	NE555P	Precision Timer	U1	P008	NE555P	1
5	SN74LS160AN	Synchronous 4-Bit Counter	U2	N016	SN74LS160AN	1
6	SN74LS48N	BCD-to-Seven-Segment Decoder/Driver	U3	N016D	SN74LS48N	1

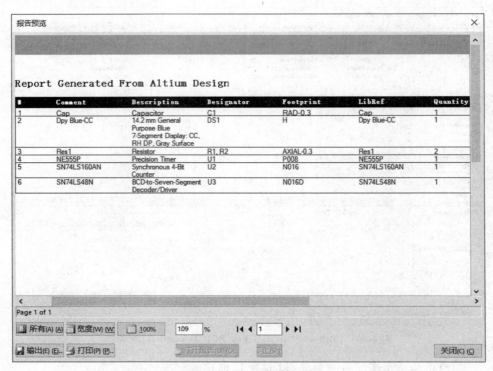

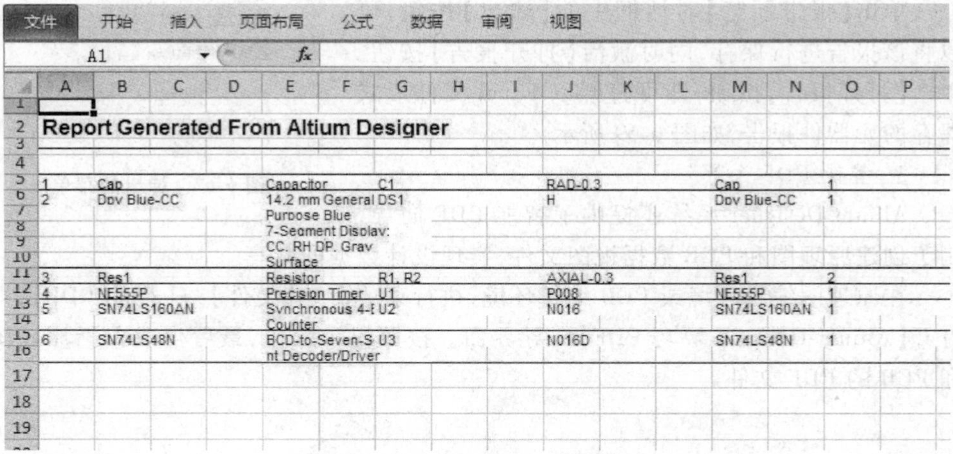

图 6-69 元器件报告

参考文献和参考网站

[1] 阎石. 数字电子技术基础. 6版. 北京:高等教育出版社,2016.

[2] 苗松池. 电子实习与课程设计. 2版. 北京:中国电力出版社,2015.

[3] 任为民. 电子技术基础课程设计. 北京:中央广播电视大学出版社,1997.

[4] 梁明新. 开放式电子技术基础实验教程. 北京:中国电力出版社,2007.

[5] 卢有亮. Xilinx FPGA 原理与实践:基于 Vivado 和 Verilog HDL. 北京:机械工业出版社,2018.

[6] 廉玉欣,侯博雅,王猛,等. 基于 Xilinx Vivado 的数字逻辑实验教程. 北京:电子工业出版社,2016.

[7] 吕波,王敏. Multisim 14 电路设计与仿真. 北京:机械工业出版社,2019.

[8] 蒋卓勤,邓玉元. Multisim 2001 及其在电子设计中的应用. 西安:西安电子科技大学出版社,2003.

[9] 周润景,刘波,徐宏伟. Altium Designer 原理图与 PCB 设计. 4版. 北京:电子工业出版社,2019.

[10] 张瑾,张伟,张立宝. 电路设计与制版 Protel 99SE 入门与提高. 北京:人民邮电出版社,2007.

[11] https://www.21ic.com.

[12] https://www.ti.com.